素养抛引

刘幸福◎著

中国财富出版社

图书在版编目（CIP）数据

素养抛引 / 刘幸福著 . —北京：中国财富出版社，2018. 10

ISBN 978 - 7 - 5047 - 6784 - 4

Ⅰ. ①素…　Ⅱ. ①刘…　Ⅲ. ①个人—修养—通俗读物

Ⅳ. ①B825 - 49

中国版本图书馆 CIP 数据核字（2018）第 243390 号

策划编辑　宋　宇　　**责任编辑**　齐惠民　郭逸亭
责任印制　梁　凡　郭紫楠　　**责任校对**　孙会香　卓闪闪　　**责任发行**　张红燕

出版发行　中国财富出版社
社　　址　北京市丰台区南四环西路 188 号 5 区 20 楼　　**邮政编码**　100070
电　　话　010 - 52227588 转 2048/2028（发行部）　010 - 52227588 转 321（总编室）
010 - 52227588 转 100（读者服务部）　010 - 52227588 转 305（质检部）
网　　址　http://www. cfpress. com. cn
经　　销　新华书店
印　　刷　北京九州迅驰传媒文化有限公司
书　　号　ISBN 978 - 7 - 5047 - 6784 - 4/B · 0547
开　　本　710mm × 1000mm　1/16　　**版　　次**　2019 年 3 月第 1 版
印　　张　14　　**印　　次**　2019 年 3 月第 1 次印刷
字　　数　215 千字　　**定　　价**　48. 00 元

序　言

本书所讲的素养指的是素质和修养，旨在论述一个人应当具备的素质和修养，侧重于提升个人的素质和修养。

个人素养的高低源于内心对事物的看法和理解，个人对事物的看法和理解固化后就形成了个人价值观。不同价值观的人对待事情和处理问题的方式方法也不尽相同，表现在行为上也会有一定的差异，而这些行为是外界对个人素养高低认定的依据之一。

影响个人行为的内在因素除了价值观以外，还有人的私心。每个人做事之前往往要衡量一下利弊得失，趋利避害是人的本性。有些事情心里明明知道这样做不太好，可是自己还是这样做了，原因就在于人都有私心。比如说社会上的骗子，如果他自己被别人骗了照样很难受，可是为什么还要去骗别人呢？就是因为自私心理。还有官员受贿，明知受贿犯法，但还是因为自私收了。

本书最大的特点是通过利弊分析引导人们提升自身素养，一改老套的说教，从心理学角度进行阐发，以改变人们对勤、奋、智、仁、信、德、礼、义的态度和看法，引导人们正确理解这八个字。书中用勤、奋、智、仁、信、德、礼、义八个字阐述人的基本素养，用树信仰、淡名利、修身心来引导个人提升自身的素养。信仰解决人的人生迷茫问题，淡泊名利是个减少烦恼、解放身心的方法，修身心是开启智慧、升华自我的途径。笔者把勤、奋、智、仁、信、德、礼、义八个字和树信仰、淡名利、修身心三个短语合称为“八字三言，修身处世诀”。本书是为了提升个人素养而写的，希望能够在提升个人素养方面给读者一些指引。

目 录
Contents

上篇　勤奋智仁

中篇　信德礼义

下篇　树信仰、淡名利、修身心

上篇

勤奋智仁

第一章 勤

一日，某事业单位负责人找到幸福老师问："单位里某个部门的人都很懒惰，如何让他们变勤快呢?"

幸福老师回答："教化与管制，即通过教化使其在思想上转变观念，通过奖勤罚懒的制度在行为上对其加以约束。"

单位负责人又问："制度上奖勤罚懒我会做，可是如何在思想上使他们改变观念、变懒惰为勤劳呢？大道理和他们讲了很多了但他们都听不进去。"

幸福老师问："世上大多数东西都是越用越少，特别是我们的钱，花一分少一分，不知不觉兜里的钞票就花光了。那么您知道什么东西是越用越多，越是不用反而越少呢？您知道对于我们个人来说，什么是别人无法偷去和抢走的呢?"

单位负责人沉思良久说："一时间想不起来。"

幸福老师说："人的力气和智慧是越用越多的，越吝惜越少的，而且没人能偷去和抢走你的力气和智慧。天天干活的人力气是越来越大，天天用脑思考问题的人会越来越聪明，这个和'流水不腐，户枢不蠹'是一个道理。而懒惰、不愿意劳动也不运动的人的力气会越来越小，不爱思考的人思考问题、解决问题的能力也可能会逐渐降低。除了个人的力气和智慧之外，还有自己学到的知识也是没人能够偷去和抢走的。"

单位负责人说："我知道怎么去做懒惰者的思想工作了。"

有人把"勤"字解释为：尽力多做，不断地做。也许每个人心目中对

"勤"字有着不同的理解，但勤劳是美德这一点是大家公认的。尽管大家都知道勤劳是美德，可是仍然还是有很多人选择了安逸。事实上，一个人是勤劳还是懒惰，对他的生活和工作有着极大的影响，于是有人说勤劳可以改变一个人的命运。

第一节　习得勤劳美德

一、懒惰的成因

懒惰是好逸恶劳、不思进取、缺少责任心的表现。人的好逸恶劳是后天形成的，你仔细观察一下儿童，他们玩起来似乎不觉得累。身体健康的孩子多数是好动的，他们整天跑来跑去，累了就休息一会儿，然后又开始活跃起来。大多数孩子都有较强的好奇心，很多事情是他们自己主动去做的，可以说最初大家都是勤快的，只不过随着年龄的增长逐步出现分化。一部分人一直保持着勤快，这部分人从小就经常劳动或者经常运动，时间久了他们就不觉得干活很累，这是良好习惯的形成。例如：我们去农村看到有些老人，年纪很大了还一直在劳动，甚至有的人说习惯了，不干活不舒服、不干活就生病；还有一部分人会由勤快变为懒惰，这部分人因为各种原因从小干活少，也不怎么运动，久而久之对劳动和运动产生了畏难心理，看到活就不愿意干。同时因为劳动少、运动不多，体力也不会很好，这使他们特别容易累，进而更加畏惧劳动，最后选择了懒惰。

勤劳的养成和身体因素也有关，经常劳动和运动的人身体素质较好，他们的体力也好，所以干活不觉得累。例如：甲乙两个人，其中甲某力大如牛，单手可以提起百斤重物；而乙某体质较弱，双手一起用力最多拿起60斤的重物。假设有一项劳动是把一袋子50斤重的大米拿回家，粮店与家的距离是1000米，面对同样一袋子50斤重的大米，甲某可以很轻松地拿回家去，乙某则压力很大。一个人的懒惰是多方原因造成的，不能说懒惰的人品行不好。

（一）懒惰的心理因素

1. 依赖和自私心理

懒惰的人多数会有一种依赖心理，在他们心里总想着事情会有别人去干。他们遇到工作尽量拖着不干，能不干就不干，能明天干绝不今天干。懒惰的人在和大家一起工作时也是尽量自己少干，就是人们常说的干活偷奸耍滑。偷奸耍滑也是自私心理，在同一个部门大家一起工作时你少做了，别人就要多做。勤劳的人是争着做，懒惰的人是能躲就躲。在中国，人们历来对偷奸耍滑的行为深恶痛绝。人们把有意逃避、耍弄手段使自己少出力或不担责任的行为称作偷懒，人们把懒惰和“偷”联系到一起，充分表达了人们对自私懒惰行为的不满。

2. 厌倦情绪

从心理学方面讲，懒惰是一种厌倦情绪，表现形式多种多样，包括极端的懒散状态和轻微的犹豫不决。恐惧、生气、羞怯、嫉妒、嫌恶等都会引起懒惰，使人无法按照自己的意愿进行活动。有时候懒惰的人会因为不想干活或者不愿意多做而放弃很多事情，甚至有时候明知道再用点力气事情会更好，但他们仍然会选择差不多就得了，没必要那么累。因此，懒惰是一种安于现状、不求上进的思想倾向，会磨灭人的上进心。

3. 意志不坚定

一个人勤劳还是懒惰和个人意志有关。劳动是消耗体力和精力的，说实话劳动对于任何人来说都是会累的，意志坚定的人更勤劳一些，意志不够坚定的人干点活就不想干了。丁敏翔主编的《小幽默大智慧》一书中讲了这样一个小故事：“小时候，老师告诉我，人的体内都有一个勤奋小人和一个懒惰小人，当你犹豫不决时他们就会打架，小学时勤奋小人经常把懒惰小人打得落花流水，初中时就打成平手了，到高中时就是懒惰小人经常获胜了。可是到了大学我忽然发现他们不打架了，原来勤奋小人被打死了！”这个小故事告诉我们：勤奋还是懒惰，取决于你的意志是否坚定。

4. 贪图安逸心理

懒惰的本质就是追求短期的快乐，避免短期的痛苦。舒服和享乐、自由自在地生活是大多数人所追求的。正因如此有很多人认为，好逸恶劳是人的本性，人累了的时候需要休息，休息不代表厌恶劳动。所有人都需要休息，但是，不是所有的人都厌恶劳动，说好逸恶劳是本性的人其实是在给自己找托词和借口。不可否认的事实是：贪图安逸是懒惰的成因之一。

（二）懒惰的身体因素

1. 遗传因素

美国密苏里大学的研究称，某些基因可能会影响人是否积极锻炼并保持活力。弗兰克·布思教授与迈克尔·罗伯茨博士成功培育出了极度好动和极度懒惰的实验鼠。他们将实验鼠放进带转轮的笼子里，并测量其在 6 天内的奔跑量。随后他们让跑得最多的 26 只实验鼠互相繁殖，让跑得最少的 26 只也互相繁殖，重复了 10 代后他们发现，“勤劳”系实验鼠的奔跑量比“懒惰”系实验鼠的多了 10 倍。培育出了“勤劳”鼠和“懒惰”鼠之后，研究者们测定了这些实验鼠肌细胞中的线粒体水平，对比了某些指标。研究显示，两种实验鼠在这两方面存在差别，而最大的发现是这两系实验鼠之间存在基因差异。

基因也许在激励实验鼠锻炼方面发挥了作用，甚至对人也是如此，也就是说懒惰可能会遗传给后代。不过这仅仅是猜想，懒惰是否遗传是未知的事情，不过，父母都很懒惰或多或少会对子女产生一定的影响。

2. 疲劳

疲劳是一种自然现象，是由工作、学习任务繁重，生活节奏紧张所致。疲劳包括生理疲劳和心理疲劳两方面：生理疲劳主要表现为肌肉酸痛、全身疲乏等；心理疲劳主要表现为心情烦躁、注意力不集中、思维迟钝等。劳动会产生疲劳，尤其是过度劳累，因为疲劳是一种令人不舒服的感觉，甚至有时是痛苦的，所以疲劳的存在也是懒惰产生的原因之一。

3. 身体健康状况

身体健康状况不好也是导致人们懒惰的因素之一。一般情况下，人刚出生时身体没什么疾病，身体健康的孩子多数喜动。青壮年时期身体条件达到高峰，这段时期体力和精力都很容易恢复，累了休息一会儿或者睡一觉起来就没事了。这段时期的人一般是不太畏惧劳动的，也是人比较勤快的时期。但是，人出生后从不生病的概率很小，生病一般就懒得动，医生和家人也会说你病了就别干活了。亲人的细心照顾，使得人们几乎每生一次病就可以享受一次合情合理的“懒惰”。因此，有些懒惰的人为了逃避劳动而装病，不过这实在是特例。

大多数人随着年龄的增长，身体健康状况会慢慢变差，人也就不爱动了，这也是懒惰产生的原因之一。

（三）教育因素

懒惰和家庭教育有关，娇生惯养也会使人懒惰。从客观上说，家长的过分溺爱也是造成懒惰的因素。爸爸妈妈对孩子的过分娇纵、大包大揽，只会使孩子从小养成“衣来伸手、饭来张口”不劳而获的坏习惯。另外，有的家长本身就没有勤劳的习惯。“身教重于言教”，不良的家庭教育和家庭氛围，不利于子女养成良好的习惯和习得勤劳美德，反而促进了懒惰的产生。现在有一种说法叫作：穷人家的“富二代”，一些条件并不宽裕的家庭的父母，觉得亏欠了孩子，担心孩子被别人家孩子比下去，产生自卑心理，反而更加娇惯、宠溺孩子。当代大多数的孩子都过着一种舒适的生活，热了有空调，冷了有暖气，人人都有零食吃、有新衣穿。父母再苦再累，也舍不得让孩子吃苦受罪。当父母的恨不得把全世界所有的好东西和自己所有的爱都给孩子，却忘了告诉孩子生活的艰辛。孩子心安理得地享受着一切，根本不知道知足，不知道感恩，不知道体贴父母，不知道生活的不容易，相反，还滋生了很多虚荣、懒惰、不学无术的坏毛病。更要命的是，有些被过度溺爱的孩子责任心几乎为零，认为别人给我是应该的，不给我是不对的。

（四）环境因素

生活环境和工作环境对人的行为也有一定的影响。古语说："近朱者赤，近墨者黑。"一个人和勤劳的人在一起，久而久之也会变勤劳；和懒惰的人在一起，久而久之也有可能变懒惰。

另外，公平竞争的环境是大家勤劳工作的重要前提，不公平的环境会导致懒惰现象，例如：在一个单位里，某个员工做了大量工作却总是得不到提拔、重用和奖励，而那些领导的亲信和关系户根本不工作或工作能力很差反而会得到提拔、重用和奖励，这时就容易使很多人由原来的勤快变成懒惰。还有"鞭打快牛"现象也是不公平的，能者多劳是有一个限度的。在某些单位，有的人累得要死，有的人闲得要命。再有，某些企业领导对员工批评多、鼓励少，时间久了很多人为了逃避批评而逃避工作，因为，工作多难免会出错，要想不出错最稳妥的办法是少做事或什么都不做。无原则的平等也会出现很多问题，例如：以前人们常说的吃大锅饭，干好干坏都一样，多干少干都一样，这也会滋生懒惰。

二、良好观念的养成

（一）培养勤劳观念

1. 勤劳是一种能力

勤劳不仅仅是美德也是一种能力，一勤天下无难事。无论是在生活中还是在工作中，勤劳的人永远是受欢迎的。很多事情看上去很难，干起来却没那么难。有句俗语叫："眼睛是懒汉子，手是好汉子。"

勤劳这种能力是靠辛勤的劳动来提升的，你干活越多体力越强，动脑越多思维能力越强。熟能生巧、勤能补拙，劳动的过程也是学习提高的过程。

2. 克服比懒心理

在生活和工作中，人们争论最多的就是我干得多、你干得少的问题。

我凭什么多干？你不干，凭什么让我干？要干大家一起干。计较多的人往往也是比较懒惰的人。我们不要总是和别人去比较，别人多干少干与你无关，就算别人少干了，那是他的错误，你明知道他少干是不对的，那你为什么还向他“学习”呢？学习错误是很多人的通病，有一个最明显的例子：在十字路口，几个行人站在那里等红灯，本来都在等绿灯亮了再走，只要有一个人在还是红灯时就走了，马上会有人跟在后面一起在红灯时过马路。在东北，老人训斥晚辈时最爱说的一句话就是“好的你不学，专门学坏的”，好多青少年就是因为盲目攀比走上歧途的。做最好的自己，不要管别人在做什么，特别是在工作上，多干一些没什么，多做一样就多会一样。

3. 学会自我调节和寻找心理平衡

心理不平衡是人们抵触劳动的主要原因之一，例如：某一项工作涉及几个人，但是没有明确应该由谁来做，而这项工作不是临时的，而是长期的。假设有一个人很勤快，他来做了这项工作，做几天没问题，时间久了，这个人就会产生一种不平衡的心理，他会想几个人的事情凭什么要我一个人一直做？如果要继续坚持做下去，就需要进行自我调节和寻找心理平衡。举一个最常见的实例：几个人在一间办公室工作，办公室的卫生每天都要打扫，碍于情面人们通常不会排值日表。这看似小事，时间久了很有可能会出现问题，就是谁也不愿意天天打扫办公室卫生。这时候就需要有一个人会自我调节和寻找心理平衡：没人做那我来做，就当我一个人的办公室好了，假设是自己一个人的办公室，没有其他人，你不是照样每天自己打扫卫生？

（二）锻炼勤劳的意志

部尔卫说：“人所缺乏的不是才干而是志向，不是成功的能力而是勤劳的意志。”勤劳的意志是一种战胜惰性与疲劳的能力，意志力的强弱与个人的性格和经历等诸多因素有关，不过坚强的意志也可以通过磨炼来提升。

1. **变意愿为意志**

我们每个人都有一些美好的意望，而大多数意望需要付出一定的努力才能实现。要想实现个人意愿，要先把个人的意愿清晰化，清楚自己想要什么，明确自己要成功的原因。将成功与快乐联系到一起，将不成功或者说将维持现状与痛苦联系到一起。这种快乐和痛苦的感觉越强烈，成功的欲望就越强。成功欲望越强烈，个人意志也会越强。学会把个人的意愿转化为个人的意志，坚强的意志会使你更加勤奋。

2. **积极的暗示**

暗示自己：我是一个意志坚强且勤劳的人，遇到困难和挫折时你对自己说：我意志坚强、不畏艰难，这点小困难不是问题，坚持一下就好了。当你感觉不想做事的时候，你对自己说：我是勤劳的人，这点小事手到擒来。积极的暗示对于人的一生很重要，你自己希望成为什么样的人，你就把你自己想象成什么样的人，久而久之你就很有可能实现你的愿望。自我暗示是一种意念力，意念力的作用不容忽视。例如：有的学生一直被老师称赞为好学生，时间久了学生自己也觉得自己是好学生了。自己是好学生这样积极的心理暗示产生了，他就会用好学生的标准来要求自己，只做好学生该做的事，不去做不好的事情。反之，如果一个学生一直被老师说是坏学生，那么时间久了，学生的自我暗示也是我是个坏学生，坏学生当然要做一些“坏事”了。

我们除了给自己一些积极的暗示之外，有时候还要把自己的理想说出来让大家监督自己，把理想变成动力。

赞美和积极的暗示会让庸才变为天才，人们会朝着你赞美和暗示的方向走。例如：两个智商差不多的孩子，一个从很小就是在一片赞美和表扬声中成长的，大家都说他聪明，久而久之他自己也认为自己很聪明，进而成了聪明人；相反，另一个是在一片批评声中成长的，大家都说他太笨，久而久之他自己也以为自己很笨，最后真的成了糊涂人。

3. **参加适当的劳动和运动**

磨炼意志的最好办法是经常参加劳动和适当地吃些苦，干活多了自然就不怕干活了，勤劳的人意志一般都比较坚强。也可以适当参加一些磨炼意志的运动，如爬山、冬泳、长跑等，这些都有利于勤劳美德的习得。

（三）认识到懒惰的害处

个人的情绪与健康的关系是十分紧密的，良好的情绪促进健康，而不良情绪则危害健康，懒惰是一种不良情绪。懒惰的危害很多，不仅会使人在学习和工作中停滞不前，还容易诱发某些疾病。

1. 心理惰性

人们的心理惰性往往会不知不觉地逐日增加，心理上逐渐产生一种求稳怕变的趋势，遇事瞻前顾后，唯恐失去已经取得的成就，往昔那种“弄潮儿”的精神风貌也不复存在。这种心理惰性的危害对人的影响是巨大的，往往会使人不思进取，最终碌碌无为。

2. 行为惰性

医学研究认为，懒惰可使人体生理机能变差，使疾病容易找上门来。如，平时不爱运动者，其心脏早衰10～15年，冠心病发病率要比爱好运动者高出1～3.5倍。临床实践表明，懒惰还会使糖尿病、胆结石、高血压、脑动脉硬化症等疾病的发病率大大提升。

另外，行为惰性会使体质下降，最明显的表现是力气越来越小，这和“户枢不蠹、流水不腐”是一个道理。

3. 思维惰性

一些人事业上成绩平平，关键就在于不爱动脑筋，不进行积极的思维活动。研究认为，神经系统保持一定的紧张有利于健康，因为人的大脑和其他器官一样，都遵循“用进废退”的原则，就像久置不用的机器会锈蚀一样，脑子总不用也会生锈，会变得思维迟钝。

4. 病态惰性

医学资料表明，人们在患病前出现懒惰情绪的约占病例总数的70%，如抑郁症、冠心病、贫血、心脏病等疾病，患病者都会毫无例外地出现“懒惰”征象。

总之，懒惰的危害是巨大的，不仅会导致事业无成，还可能诱发诸多其他疾病，尤其是抑郁症、心脏病等。因此，我们一定要克服心理和行为的惰性，将懒惰的危害减到最低，这样才能够保证身心健康，达到祛病强身、益寿延年的效果。

三、加强锻炼，增强体质

强健的体魄对于每个人来说都是很重要的。一个人的体力和精力是相生的关系，体力越好精力也会越充沛，精力充沛体力也会变好。身体强壮、精力充沛的人通常都比较勤劳，而强壮的体魄除了先天因素外，和平时的锻炼也密不可分。

（一）培养体育爱好

现代社会，多数人都不再从事体力劳动，身体的锻炼主要靠体育活动，例如：跑步、打球、游泳、散步等。存在的主要问题就是很多人无法坚持锻炼，多数人做不到坚持每天都锻炼，如何解决这个难题？培养一项体育爱好是一个比较好的方法，如果有一项体育爱好，你就会经常地去参加这项体育活动，这样就起到了锻炼身体的效果。

（二）多劳动

我们不妨多做一些力所能及的劳动，比如：扫地、擦玻璃、洗衣服、做饭、洗碗、洗车等。劳动是最好的锻炼方式，锻炼的同时还会产生经济效益。例如：我总是自己洗车，一年到头几乎不去汽车美容店洗车。准备一桶水和两块抹布，洗一次差不多用 1 个小时，好处是自己洗车感觉比别人洗得认真和干净，不仅可以锻炼一下身体，还节省了洗车的费用。

（三）培养坚持锻炼的习惯

现代社会生活节奏快，工作的压力使很多人生活得没有规律。多数人无法坚持每天锻炼，坚持锻炼的习惯需要慢慢地培养。一旦养成习惯，体育锻炼就成为一件自然而然的事情了。

1. 选择合适的运动

在进行体育锻炼之前，问问自己哪些项目喜欢，哪些不喜欢。一般来说，你要继续坚持你喜欢的那部分，避免你不喜欢的那部分。若是多想想如何在体育锻炼中得到乐趣，你就会更愿意进行体育锻炼。如果你把一个习惯和痛苦联系在一起，那么潜意识里你肯定想远离它。如果这个习惯能让你联想到快乐呢？你当然会很乐意去做。

2. 较为实用的锻炼方法

最方便、实用的锻炼方法是做俯卧撑、仰卧起坐和深蹲，这几样运动占用空间小，可以在每天睡前或早起之时花几分钟的时间做一下这些运动。例如：早上起床做几个仰卧起坐，晚上睡前做几个俯卧撑。除了做俯卧撑、仰卧起坐和深蹲之外，常用的锻炼方法还有步行、慢跑和游泳等。

（1）步行锻炼法

步行是体育锻炼中简便易行的锻炼方法之一。步行锻炼主要由步行的距离、速度决定其运动强度，锻炼者应根据本人的实际情况进行选择。常言道：“百练不如一走。”“饭后百步走，活到九十九。”这足以见得：步行是古今长寿的妙法之一。

（2）慢跑锻炼法

慢跑是一种活动全身的有氧运动。慢跑可以消耗体内过剩的热量，不但可以锻炼身体，还有助于减少体内的脂肪和控制体重。

（3）游泳锻炼法

游泳的锻炼价值与跑步非常相似，但同样的距离，游泳所消耗的能量是跑步的4倍，心率却处于较低水平，因此游泳是一种更安全的健身活动。不过，游泳一定要注意人身安全，尽量不要去江河湖海去游泳，在游泳池比较安全。当然如果自己有强健的体魄、良好的水性，在遵守法律法规的前提下，可以去畅游一下江河湖海。

（4）跳绳锻炼法

跳绳能提高心血管系统和呼吸系统的功能，增强肌肉，同时能使人的敏捷性、协调性得到加强，跳绳锻炼是有效的减肥方法之一。

（5）有氧操锻炼法

有氧操是一种充满活力的锻炼方法，在提高心血管系统和呼吸系统的功能方面有明显作用。通过有氧操锻炼，可以使体重得到有效控制，健美身材、愉悦身心。

3. 自然力锻炼法

用自然力锻炼身体的目的在于提高人体对外界的各种不良因素的抵抗力。自然力锻炼法包括空气浴、日光浴、冷水浴。锻炼时，通常将这三种方法结合在一起使用。

多培养一些好的习惯是非常重要的，有个坚持锻炼的好习惯可以使你受益终生，正所谓习惯决定性格，性格决定命运。

四、小结

勤劳不仅仅是美德，也是个人的能力和实力体现。勤劳是一个优秀的人必须具备的基本素质和修养，离开勤劳一切都是空谈，所以本书开篇第一章就讲“勤”。勤劳不但会保你一生衣食无忧，还会助你走向成功。因此，养成爱劳动的习惯、习得勤劳的美德可以使你受益终生。

第二节　百事勤当先

一、业精于勤

“业精于勤，荒于嬉；行成于思，毁于随。”一个“勤”字，道破了多少奥秘。我们只有“拳不离手，曲不离口”才能使功夫纯熟。“枯木逢春犹再发，人无两度再少年。不患老而无成，只怕幼儿不学。”

《古今贤文·劝学篇》中有这样一段话：

长江后浪推前浪，世上今人胜古人。若使年华虚度过，到老空留后悔心。有志不在年高，无志空长百岁。少壮不努力，老大徒伤悲。好好学习，天天向上。坚持不懈，久炼成钢。三百六十行，行行出状元。冰生于水而寒于水，青出于蓝而胜于蓝。书到用时方恨少，事非经过不知难。

身怕不动，脑怕不用。手越用越巧，脑越用越灵。三天打鱼，两天晒网，三心二意，一事无成。一日练，一日功，一日不练十日空。刀不磨要生锈，人不学要落后。书山有路勤为径，学海无涯苦作舟。师傅领进门，修行在个人。

（一）勤学苦练

知识的习得和技艺的精进离不开勤学苦练，知识是经过长期积累而来的，它的形成与传播经历了一个较长的时间。且不说积累了五千年的知识我们穷尽一生也学不完，现代社会，科学发展日新月异，知识更新越来越快，因此，学习应成为我们终生的事业。这么多来之不易的知识，我们要想学会，唯有勤奋。

勤奋学习也包括勤思考和多问，孔子曰："学而不思则罔，思而不学则殆。"这句话的大意是：一味读书而不思考，就会因为不能深刻理解书本的意义而不能合理有效地利用书本的知识，甚至会陷入迷茫。而如果一味空想，不去实实在在地学习和钻研，则终究是沙上建塔，一无所得。

技艺的精进除了要勤学之外，也离不开苦练二字，佛罗里达州立大学心理学家 K. Anders Ericsson 提出"刻意练习"的概念，指出天分并不是取得成功的关键，后天的自主训练才是最重要的。还有很多研究人员提出，要想精通一项技艺，至少需要一万个小时的强化锻炼。

从不会到会，秘诀是：重复。美国加利福尼亚州有个"害羞诊所"，专门帮助人们克服害羞心理。这个诊所的心理学家不相信什么心理暗示疗法，他们相信练习。他们认为使人害羞的并不是事情本身，而是我们对事情的观点。怎么治疗"恐女症"？做法是设计各种不同难度的场合，从在房间内集体对话到直接跑到大街上找陌生美女搭讪，安排接受治疗者在一个疗程之内跟 130 个女人聊天。经过多次反复与女性接触，时间久了"恐女症"患者就习惯了，习惯以后自然就克服了"恐女症"。

把不常见的高难度事件重复化正是MBA（工商管理硕士）课程的精髓。在商学院里，一个学生每周可能要面对20个真实发生过的商业案例，学生们先要自己研究，提出解决方案，最后老师给出实际的结果并做点评。学习商业决策的最好办法不是观察，而是自己每周做20次模拟决策。军事学院的模拟战，飞行员在计算机上模拟各种罕见的空中险情，以及丘吉尔对着镜子练习演讲，都是重复训练。

（二）机巧勿用

学习是没有捷径可走的，“读书之乐无巧门，不在聪明只在勤”。《菜根谭》中说：“文以拙进，道以拙成，一个拙字有无限意味。如桃源犬吠，桑间鸡鸡，何等淳庞。至于寒潭之月，古木之鸦，工巧中便觉有衰飒气象矣。”虽然寒潭之月和古木之鸦，看似巧夺天工，实际却因过于工巧而萧飒。所以，做什么事都不应要小聪明，卖弄自己的技能，而要“拙”，即质朴，这才是成就事业的基础。

有人将学习比喻成修建高楼，我觉得很恰当。高楼修建必须打好地基，一层一层地向上修建，最后才会达到“手可摘星辰”“一览众山小”的境界；学习也是如此，要由易到难、由浅入深地学好每个知识，最后你将会实现你的理想。

二、工作要勤

（一）勤奋工作才会有更多收获

有不少人是这样想的：老板就给了我那么一点儿工资，我怎么勤奋得起来？有这种想法的人工作起来肯定是不会很勤奋的。拿多少钱，做多少事，似乎没有错。可是你一旦有了拿多少工资，就做多少事的心理，那么你的工资就很难涨起来了。只有把拿多少钱，做多少事的想法转化为：做多少事，拿多少钱，你的工资才有可能会涨起来。

1. 不要只为薪水而工作

有人说，如果把人生分为两个阶段：30岁以前和30岁以后，那么，

30 岁以前是用金钱买智慧，30 岁以后是用智慧换取金钱。子曰：“工欲善其事，必先利其器。”我们要趁自己年轻的时候，利用一切工作机会来学习、来锻炼、来提高。如果眼睛盯着的只是那么一点儿工资，那么，你的收入就永远无法得到提高。可能你目前的收入还过得去，但是，你要思考一下，二十五年前，或者说三十年前，万元户还是富裕的象征，如今呢？如果你的工资十年后还只能停留在目前的水平，你可能是一个温饱都不能解决的可怜人。人的收入也遵循这个道理：如逆水行舟，不进则退。

如果一个人的工作目的仅是赚取工资的话，那么，我可以肯定，他注定是一个平庸的人，也无法走出平庸的生活模式。所有的有心者、成功者，他们工作的目的绝不是为了那一份收入，他们看到的是工作背后的机会、工作背后的学习环境、工作背后的成长过程。当然，工作固然也是为了生计，但比生计更重要的是什么？是品格的塑造、能力的提高。疯狂英语创始人李阳最喜欢说的一句话是：“只要你有三餐饭吃，你就可以把除此之外的时间和精力用于学习和提高。”我们不能把目光只是聚焦在薪水上，而是要看到工作之中的学习机会，要知道现在的付出是为了以后更好的未来。品格的塑造、能力的提高比薪水更重要，坚持了这一点，未来的收入将会远远超过你现在所获得的。人生的幸福不在于过去，也不在于现在，而在于将来。先苦后甜，也就是这个道理。

你有没有想过，你手上做的每一件工作，其实都是为自己做的？工作的结果是别人的，经验却是你自己的。不要因为工资低，就应付了事。眼光长远的员工，都是对工作负责的人。有一个老木匠的故事：老木匠要退休了，老板让他盖最后一所房子，他应付了事地将房子盖好交工，谁知道老板对他说：“房子归你了，我将它作为您一生辛苦工作的报酬。”你是否想过，有一天，你也会面临像老木匠这样哭笑不得的境地？

2. 将工作努力做到最好

将工作努力做到最好，这是取得成功的重要因素。如果你的父母既不是富翁，也不是高官，而是一个普通人，那么你要想步入成功的殿堂，最好的办法就是将手中的工作做到最好。如果你做好了，你不用担心没有人看见、没有人认可你，就算有人将你的功劳据为己有也同样不用担心，因为你如果是金子，迟早会发光。人生漫长，幸福与否、成功与否，不在这三五年。你这样做，可贵的并不是你所做工作的结果，而是你所形成和表现出的一种态度、一种品格。哪怕自己是一名清洁工，也要做一个把清洁工作做得最好的清洁工。不想当将军的士兵不是一个好士兵，也不是每一个士兵都可以成为将军，但是，你可以确保自己做一个最优秀的士兵。据说著名喜剧演员陈佩斯在没有成名之前，是个经常跑龙套的小演员。可是他并没有降低自己对艺术的追求，而是下苦功钻研每一个角色。有一次，陈佩斯去演一个小匪兵，是一个小得不能再小的配角，谁也没有对他过多地在意，导演也没有给他说戏。可是，陈佩斯却自己揣摩起来，他把为数不多的几个角色都研究透了。在表演的时候，陈佩斯发挥了自己的天分，虽是扮演一个小匪兵，他却自己设计了一个表情，分外滑稽，一下子就让这个角色生动起来。导演一看，顿时觉得这个小匪兵演得格外出彩，从此发现了他的表演天赋。从那以后，陈佩斯一步步走上了成功之路。

3. 对待工作绝不拖延

世界上最不费力的事就是拖延时间，大多数失败者犯的致命性错误就在于此。有人统计过导致失败的数十种因素，拖延位居第三名。对成功来说，拖延最具破坏性，是最危险的习惯。拖延的表现是什么？就是今天的事明天做，现在的事以后做，自己的事等待别人做，能做的事一直拖着不做，而且，总能为自己找到理由：今天太累，明天做还来得及，等几天没什么要紧的。在工作中，拖延的代价你是无法承受的，记住，拖延和懒惰是“兄弟”，两者总是同时出现。韩愈在《进学解》中说：“业精于勤，荒于嬉。”拖延和懒惰只会带你坠入深渊。拖延的反面是什么？就是马上行动。所以，如果你有拖延的恶习，克服的方法只有一个：马上行动。

如果你去烧一壶水，是断断续续、烧一下就停，还是一鼓作气、不停地烧下去，直到烧开为止？如果断断续续地烧，恐怕一万斤柴也不能将水烧开；如果一鼓作气，可能一斤柴就能将水烧开。

4. 努力苦干

工作没有捷径，只有苦干，书山有路勤为径，学海无涯苦作舟。学习是这样，工作同样是这样。“99%的汗水加1%的灵感等于成功。”这是爱迪生的话。有人问牛顿，他是怎么发现万有引力定律的，他回答说，他一直都在想这件事。关于这方面的故事有很多，小时候，我们接触的教育就是从努力开始的。在家中，父母告诫我们，要努力学习；在学校里，老师也会告诉我们，要努力才能考得上大学，上了大学才会出人头地。今天，在工作中很少有人会告诉你要努力，只有自己不断提醒自己努力干，才能得到自己所想要的。所以不断提醒自己努力的人大多数都成功了，即使不是百万富翁、千万富翁，他们的生活也是富足的。吃得苦中苦，方为人上人。以前有一个国王，发布诏书，要求把全国所有的智慧、哲理故事编辑起来。三年后，这些智慧和哲理故事共计有十本书那么多。国王认为太烦琐，于是精简到一本书，可国王觉得还是不够精练，于是又精简到一页，国王还要求修改，最后只剩下一句话，这句话就是：天下没有免费的午餐。只有努力苦干，才会有收获。

（二）勤生效

“勤”有干净利落、做事快的含义，勤快可以提高工作效率，那么怎样才能靠“勤”提高效率呢？

1. 合理安排工作

合理安排自己的工作，做一个工作列表，把每日需要做的具体工作按照轻重缓急排列，相似的工作最好排在一起，先处理紧急的工作，再处理重要的工作，最后处理简单、轻松的工作。对于单项工作要合理安排工作流程，动手之前先思考一下如何做会省时省力。

2. 集中精力

工作时一定要集中精力，全身心地投入工作，避免分心，要善于集中精力做一件事，而且是做好这件事。工作切忌眉毛胡子一把抓，那样会降低效率，还可能哪件事都做不好，让别人否定你的能力。

3. **有时间意识和紧迫感**

对于宇宙来说，时间是无限的，而对于我们个人来说，时间则是有限的，是不可逆转的宝贵资源，因此，时间不能随意浪费，特别是在工作上一定要有时间意识，要有紧迫感，要学会合理安排时间。

4. **使用辅助工具**

工作要讲究方法，在工作中我们要善于运用各种辅助工具。一个人跑得再快也很难跑得过火车，一个人武功再高也不可能抵挡住大炮；用锹挖土，很难比挖土机挖得快。有一个电视节目叫《我爱发明》，节目内容就是拿人工和机器比，结果总是机器的劳动效率比人工高。

5. **积极的心态**

生活中，无论做什么事，心态都同样重要。当你面对繁重的工作压力时，消极的心态就已经将你带入误区。心态很大程度上决定我们做事的成败，所以遇到工作不要消极对待，要用积极的心态去寻找突破口。无论是面对多么困难、多么繁重的工作，只要认真地做，在工作的过程中自然而然就游刃有余了。工作中切忌抱怨，因为抱怨不但解决不了问题，反而会影响你的情绪、增加你的负担。“世上无难事，只怕有心人。”抱着积极的心态去对待工作，一切都会好起来。

三、为官要勤

曾国藩认为为官者当有五勤：“一曰身勤：险远之路，身往验之；艰苦之境，身亲尝之。二曰眼勤：遇一人，必详细察看；接一文，必反复审阅。三曰手勤：易弃之物，随手收拾；易忘之事，随笔记载。四曰口勤：待同僚，则互相规劝；待下属，则再三训导。五曰心勤：精诚所至，金石亦开；苦思所积，鬼神迹通。”

（一）勤政爱民

子产曰：“政如农功，日夜思之，思其始而成其终。朝夕而行之，行无越思，如农之有畔。其过鲜矣。”

从为官的视角提出的“勤”，是为官者体恤民众、造福百姓。为官者要在日常工作中勤思考、勤工作、勤视察，要多干事、敢干事、会干事、干成事。不能怕困难，不能怕矛盾，不能怕吃苦，也不能怕受累。不能看见难事躲着走，遇到矛盾绕着走。不能只想当太平官，不能把事业耽误在倦政上。

（二）廉洁奉公

古人云：“勤者，政之所要；廉者，政之本也。”勤政与廉政就像是一对永不分离的孪生兄弟。不廉无以立身，不勤无以成事。为官者即使他的能力再强，工作再勤奋，一旦在廉洁上出了问题，就等于是丧失了根本。同样的，为官者如果只廉洁，工作却不勤奋，也是不行的。俗话说得好：“当官不为民做主，不如回家卖红薯。”

四、小结

做什么事都离不开勤劳，这个世界上可以坐享其成的事情太少了，一个人要想事业成功就离不开勤劳。有人说过这样一句话：“什么是成功？当别人工作的时候你在工作，当别人休息的时候你仍然在工作，这就是成功。”

第三节　三勤

一、勤学

颜真卿《劝学》诗云：“三更灯火五更鸡，正是男儿读书时。黑发不知勤学早，白首方悔读书迟。”

有人说钱财是身外之物，凡身外之物皆是生不带来、死不带去的，换句话说，身外之物总有一天会失去。那么，什么是身内之物呢？

知识是身内之物，是别人偷不走也抢不去的，是不容易失去的财富。不过，中国五千年的传统文化知识加上现代日新月异的科学技术，对于个人来讲，世界上的知识几乎是无穷多的，一个人穷其一生之力也根本无法学到万分之一。生存在这样一个知识爆炸的时代，我们必须要学会利用各种学习资源勤奋学习，只有这样才能不断提高自己的素质，适应社会的发展，实现自己的人生价值。

（一）不学则跟不上社会的进步

《大学》中说："苟日新，日日新，又日新。"面对瞬息万变的世界，我们不能再指望一种教育和一定阶段的教育为社会成员服务终生了。如果你没有做好勤奋学习的准备，不具备一颗学习之心，那么稍不留神，你就有可能被甩在了时代的背后，从而跟不上时代的脚步。谁都无法否认的一个事实是，知识更新在今天这样的时代是很正常的事情，而知识更新之快则到了让人惊讶的程度。我们所掌握的知识与技能在一夜之间落伍，都不再是什么新鲜的事情。几乎每天都有新知识与新技术产生，如果你在这种新知识与新技术的冲击之下无动于衷，那么你将无法适应时代的发展。

事实上，勤学是一个人的终身使命，只有具备了这种意识，你才能在你的人生旅途中不断前进。就个体而言，学校教育的结束只是一个全日制正规教育的结束，之后要迈向更为广阔的课堂——社会，并且要用一生去完成社会的学业。正所谓"活到老，学到老"，为了职业的发展，为了生活的质量，所有人都应该学会一种生存的本领——勤奋学习。勤学是人类最有用途的本领，因此，国家、企业、社区都应该负起自己的责任，并且要互相合作，大力宣传勤奋学习的意义，从而激发更多的成人参与学习，提高自己的生活质量，提高自己的职场竞争力。孔子说："好仁不好学，其蔽也愚；好知不好学，其蔽也荡；好信不好学，其蔽也贼；好直不好学，其蔽也绞；好勇不好学，其蔽也乱；好刚不好学，其蔽也狂。"可见，"好学"极为重要。

（二）学无止境

知识无止境，技术无顶端，人的一生是不断学习的一生，人们应当树立学无止境的理念，把握住分分秒秒的时间，认真学习，到知识的海洋吸吮甘泉，使自己的心灵变得纯洁、思想变得高尚、知识变得丰富、心胸变得开阔。这样，生活和工作也会更顺利，从而有利于实现个人价值。

自教育制度化以来，人们都认为学校才是学习的地方，学习也只是年轻人的事情。一个人一旦完成了几十年的学校教育，就可以一劳永逸。从而，现实中人们无形地将一个人的一生分成了学习期和工作期，似乎这两个阶段是泾渭分明的，学习就是为以后工作打基础的。而迈出了学校或过了所谓的“学习期”，人们就认为没有必要再去学习了。然而，时代在前进，人们逐渐意识到知识经济时代已经到来。在这个时代，经济是建立在知识基础上的经济，而知识经济的核心就是人的智慧。毋庸置疑，一个国家要在世界竞争中拥有自己的立足之地，就必须足够重视国民教育的问题；一个人要想在职场上有更好的发展，也必须要不断学习。现实生活中有很多这样的人，他们在找到工作之前，拼命地学习，恨不得把世界上所有的知识都装进自己的脑子里，同时也恨不得掌握世界上所有的职业技能。他们的目标很明确，就是要用所学的知识与所掌握的技能找到一份好的工作，而且他们也非常清楚知识与技能对于工作的重要性。可是，当他们找到了一份工作后，便觉得自己终于可以松一口气了，自己的努力没有白费，享受的日子终于来到了。于是，他们认为学习的使命已经完成了，因而放弃了学习，学习对于他们来说已经是“过去”的事了。但放弃学习是错的。因为你的知识和技能如果不能随着职业要求的变化而不断改进，将很难满足你的职业需要。要想让自己永远不被时代抛弃，只有不断地学习，把学习当作自己终身的使命。

二、勤做

多做事是勤劳的外在表现形式，勤做的精髓是遇事不推脱、有活争着干。勤做的好处很多，比如：勤做运动身体好、勤做保养不易老、勤做功课学习好、勤做笔记不忘事等。俗语说：“曲不离口，拳不离手。”人生很多事情都是靠勤做来实现的。

（一）勤做可以做出成绩

一个人有没有才能关键的一点是看你能不能干。在单位，一个人要想出人头地，唯一的办法是勤做。在单位遇事就推脱，领导安排的工作也找借口不做，这样的人基本不会被提拔。勤做多做，事情做多了，出成绩的机会也会多，做出成绩自然会得到重用。

（二）勤做可以提升能力

勤做事、多做事，时间久了你会做的事情就会越来越多，你的能力也会自然而然地得到提高。现在的学校都在强调要在做事中学习，实际上就是在强调做事是最好的学习方法。多做、勤做不但会使你学会很多事情，同时，还可以使你技艺精进，勤做也是熟练的过程。很多经验都是在做事中总结积累出来的，所以，勤做可以总结经验、提升自己。

三、勤思

春秋时期，孔子的学生曾参勤奋好学，深得孔子的喜爱。同学问曾参为什么进步那么快。曾参说："我每天都要多次问自己：替别人办事是否尽力？与朋友交往有没有不诚实的地方？先生教的是否学好？如果发现做得不妥就立即改正。"

如果能像曾参那样做到一日三省，每天想想"为别人做事是否尽力？和朋友交是否守信？学到的知识是否复习了？"那么就基本上做到勤思考了。

（一）学中思，思中学

要在学习中思考，在思考中学习。如果不能在学习中认真思考，就很难把知识内化为自己的东西，在思考中学习是指学习知识时，要先思考你需要什么。在思考中学习使你不至于迷茫，在学习中思考使你不至于迂腐。

在学习中思考是理解知识、运用知识的前提，也是培养思考能力的过程；在思考中学习是主动获取知识的动力，也是思考能力在学习中的应用。

笔者认为，学习是一种思考，思考是一种学习。当一个人真正学会思考的时候，证明他的学识和思想境界已经达到了一定的高度。会思考是人生一个较高的境界，俗话说："读万卷书不如行万里路，行万里路不如阅人无数，阅人无数不如名师指路，名师指路不如贵人相助，贵人相助不如自己去悟。"这句话要突出的是"领悟"二字。从读万卷书、行万里路、阅人无数、名师指点到贵人扶助，最终还是要靠自己领悟人生道理。领悟了，才是你自己的。领悟能力是思考能力的一种，思考能力强，领悟能力自然高。在这个世界上有很多东西是要靠自己去领悟的，只有自己摸索出来的东西印象才最深刻。

不过，大家也不要被上面那段话误导了。事实上，读万卷书、行万里路、阅人无数、名师指路和贵人相助都很重要，最终的领悟是在读书、行路、阅人、名师指点和贵人相助的基础上实现的。读万卷书可以使人博学，行万里路和阅人无数使人积累大量经验，名师指路使你少走弯路，贵人相助使你事半功倍，最后才是个人领悟。有了个人领悟你就会明白这一生该做什么、不该做什么。所以说书要读，路要走，阅人的能力要锻炼，名师指路和贵人相助更需要。换句话说，读书是积累理论知识，行万里路和阅人无数是在实践中学习，名师指路和贵人相助是借助外力。不过，领悟才是本句的重点，读书时要思考，行万里路时要思考，阅人无数时也要思考才能明辨是非曲直，名师指路时更要你自己去走去思考，贵人相助时你必须要善于思考，否则，有再多的人帮助也没用。

静心读万卷书，健步行万里路，谈笑间阅人无数；请名师指路，邀贵人相助，最终自己要能领悟万事万物。

（二）做中思，思中做

做中思指的是边做边思考，要学会在工作中总结经验，只有不断总结经验才会提高和进步。思中做指的是不能盲目地做，要会思考，做事的时候要有计划、有思路。思路决定出路，没有思路做事容易乱。

做中思是总结经验，思中做是在摸索经验。做而不思是蛮干，思而不做是空想。

人们在做事的时候为什么要思考呢？思考可以提高效率、少走弯路，下面举一个做事不思考的案例：山东招远市某石材公司，公司本部业务员张某工作积极、能吃苦，在一次业务员会议上公司老总夸奖了张某，公司总经理田某说："你看小张工作多积极，每天跑回加工厂三四趟，不是回来取资料就是回来取样品，一趟一趟的多能吃苦啊，你们大家应当向他学习。"会后，烟台办事处曲经理对济南办事处刘经理说："从市里回到厂子一个来回最少一个多小时，每天跑三四趟岂不是四五个小时没了，为什么早上不一次带够资料呢？"济南办事处的刘经理说："做事吃苦固然重要，更重要的是要动脑筋，只做事不思考很可能会事倍功半。"案例中的业务员张某只低头做事不思考，一天里一半的时间浪费在了路上，而且来回跑也是有费用的，可以说是费时、费力、费钱。而那位田总经理则没有思考就表扬，可以说是办事之前不思考或者说做决定之前欠思考。像小张这样的行为是不能表扬的，外埠的销售人员都是一次带够几个月的资料出去跑业务，本来大家不知道本部的业务员每天来回往返加工厂几次的事情，这一表扬反而成了笑话。

做中思，思中做告诉我们，我们要的是做成事而不仅仅是做事。

（三）朝思暮想

朝思：早上起床吃过早餐，坐下来静静思考一下今天有哪些事情要做，哪些事情必须完成，哪些事情不是太急，先解决什么问题。

暮想：晚上上床睡觉前，静坐几分钟想想今天该做的事情都做好了吗？今天哪些事情处理得很好？哪些事情处理得不好？如果有事情没做好或者没做完明天如何解决？

勤学、勤做和勤思都非常重要，尤其是勤思。做事的思路最重要，一个人善于思考往往会改变自己的生活轨迹，有的时候思路错了越努力可能越糟糕，就像南辕北辙的寓言故事一样。不同的思路决定了不同的命运。

有这样一个小故事：甲是一名搬砖的工人，他非常努力，一直专心做好自己的事。经过他的不断摸索和努力，他一次可以搬运两倍于普通人的砖。他的努力也很快得到了回报，包工头愿意付给他 1.5 倍于普通搬砖工的薪水。到后来年龄太大，甲干不动活了，于是回了家乡养老。乙也是一名搬砖的工人，同样愿意付出多于常人的努力，一直专注于自己的目标。在他搬砖的工作中，他发现原来泥瓦匠的薪水更高啊，而高级技工又比泥瓦匠薪水更高。在他搬砖的那几个月里也用心向几位技术工人讨教学习，很快就晋升为技术工了。后来没两年又回到村子里找了一批年轻人出来打工，自己则升职成了包工头。几年后有了积累，开了自己的装修公司，成了老板。其实单纯看付出的话，甲付出的汗水更多。但是从结果上来看，乙得到的回报远远超出了甲。这个故事告诉我们，一个人不但要勤学、勤做，更要勤思考才行。

四、小结

勤学、勤做、勤思这“三勤”是打造完美人生的必备条件，是成功的基石。勤学可以使你明事理、长知识、懂得世故人情；勤做可以使你心想事成、实现理想；勤思可以使你不断升华和提升自我。

第四节　勤的益处

勤劳是一种美德，勤劳的人是受大家尊敬的人。生活本就是一种劳动，要想过充实的生活就需要勤劳，这是我们必须肩负的责任。不管是在单位还是家庭，都需要勤劳。在单位，勤劳可以使你取得佳绩，自己亲手争取的面包总是格外香甜。在家里，只有勤劳地付出，家庭才会井井有条，家里面才会一团和气，生活才会更加美好。勤勤恳恳的人总比懒惰的人有更多进步的机会，天道酬勤，很多伟人都是从小事开始一点点积累起来的。即使我们成不了伟人，但丰富的经历，也会成为我们的人生经验。做一个勤劳的人，身边的人会为你的存在而欣喜；做一个懒惰的人，别人会因你的存在而郁闷。高尔基说："只有人的劳动才是神圣的。"勤劳是无形的财富。

你勤劳，你的家人、朋友、同事、领导都会喜欢你，这会让你在工作和生活中保持良好的人际关系，对你的工作和生活会有很多益处。

一、勤劳可以获得财富

劳动是获得财富的方法之一，人的一生需要足够的物质财富来维持生计，从最简单的衣食住行所需到高档的物质与精神享受都需要我们用劳动获得，当然也有人不劳而获，但那是特例，作为普通人财富是靠劳动获得的。

俗话说："人勤地增产。"小时候父亲讲过一个古老的民间传说：上古时期人们种地是不用除草施肥的，撒下种子长出青苗后，人们要经常到地里走动，边走边念"草死苗活地发暄"，地里的草就死了，地也变暄了。后来世人觉得在田里走来走去太累了，于是他们就躺在地头，嘴里不停地念"草死苗活地发暄"，居然也有效。时间久了，此事被神仙知道报告给了玉皇大帝，玉皇大帝一听大发雷霆，命神仙解除了咒语的法力。从此，人们无论是躺着念、站着念还是走着念都不管用了。没办法，人们开始用锹来铲草，日复一日人们累得不成样子，又有神仙报告玉皇大帝说这样岂不把人都累坏了。玉皇大帝只好派了个神仙到了田间，把人们用的铁锹踹了个弯儿，铁锹有了弯儿以后锄草轻松了不少，这就是后来的锄头。因为人类的懒惰使得"草死苗活地发暄"神咒失效了，如果一直有效那该多好啊，就不会有"锄禾日当午，汗滴禾下土。谁知盘中餐，粒粒皆辛苦"的佳句了。这个古老的传说告诉我们，很多事情是不能投机取巧的，人们要想获得更多财富，离不开勤劳。

二、勤劳可以健身益智、延年益寿

在古代，武术家和书画家以及僧道是寿命较长的群体，这些群体长寿的主要原因是勤劳。人类长寿的重要因素有两个，一是平心静气（或者说是心平气和），二是运动，这两个因素都和勤劳有关。劳动本身是最好的运动，爱运动的人一般比较勤劳，勤劳的人也爱运动。除此之外，勤劳的人比懒惰的人心态好，勤劳的人不像懒惰的人那么斤斤计较，不斤斤计较，心态自然会平和。武术家一般会坚持每天练武，这就是勤劳的体现，练武也是会使人劳累的，能够坚持不容易。他们也会练气，练气功也是一个平心静气的过程。古代的僧道多数要习武打坐，这些是他们的功课。再有，僧道一般是自给自足的，自己播种粮食培养了他们的勤劳，他们的信仰又使他们与世无争，与世无争心态自然平和。因此，武术家和僧道寿命普遍较长。至于书画家，他们练习书画时刚好进入了动与静融合的状态，如果不平心静气很难写出好字、画出好画。另外，书画家一般都很勤劳，要想写一手好字、画一幅好画，不经过千锤百炼是不行的，凡有一定成就的书画家都是勤学苦练的，不勤劳很难成为书画家。武术家、书画家和僧道有一个共同的特点就是持之以恒，活到老练到老，这也许是爱好和习惯使然，但是我们不能否认这也是勤劳美德的体现。

很多长寿的人也是勤劳的人，例如：巴马瑶族自治县是广西壮族自治区的一个山区县，是世界著名的长寿之乡，位于南宁以西 250 千米。这里的长寿老人很多，1990 年第四次人口普查时该县有 1958 位 80 ~ 99 岁老人，69 位百岁以上的寿星，其中年龄最大的 135 岁。调查还显示，这里长寿老人有个共同习惯，就是劳动，他们八九十岁了还在田间劳作。在巴马流传着这样的民谣："火麻茶油将菜炒，素食为主锌锰高；地下河水元素多，空气清新人不老；晚婚晚育勤劳动，常享桃李野葡萄；知足常乐心清净……"这个民谣里也提到了勤劳动和心清净，这说明中国淳朴的农民很早就知道了勤劳可以长寿。

身体健康和智力也有一定的关系，一是勤劳可以健身，身健则智明。身体健康、头脑清醒，聪明才智才可以正常发挥，身体虚弱对才智也会有一定的影响。二是勤劳的人会多做事，做事的同时也是提升才智的过程。所以我们说勤劳可以健身益智，勤劳可以延年益寿。

三、天道酬勤

一分耕耘，一分收获。只要你付出了足够的努力，将来也一定会得到相应的收获。正所谓机会总是留给有准备的人，唯有努力了才有可能抓住机遇。虽世事难料，努力了不一定成功，但不努力肯定不会成功。

没有一个人会随随便便成功，成功的背后有辛勤。曾国藩是中国历史上最有影响力的人物之一，毛泽东评价曾国藩是近代最具有“大本夫源[①]”的人。据说曾国藩的天赋不高，有一天晚上曾国藩在家读书，对一篇文章重复朗读，背了很多遍就是背诵不熟。这时候他家来了一个贼，潜伏在他家的屋檐下，希望等读书人睡觉之后再下来行窃。可是等啊等，就是不见他睡觉，还是翻来覆去地读那篇文章。贼人大怒，跳下来说：“怎么这么笨啊，就这么一篇文章背到半夜三更还记不住，简直急死人了。”然后将那文章流利地背诵了一遍，扬长而去。

曾国藩的成功是天道酬勤的典型案例，如果不是勤奋苦读，曾国藩后来很难成为博学多才、成绩斐然的人物。在为人处世上，曾国藩终生以“拙诚”“坚忍”行事；在持家教子方面，曾国藩主张勤俭持家、努力治学。曾国藩一生勤奋，留下了大量的书信、语录、诗文等，在很大程度上方便了今人深入研究和学习曾国藩的大学问和为人处世之道，他留下的曾国藩家书一直为后人所推崇。

四、人道酬勤

不单是天道酬勤，人道亦酬勤。在这个世界上几乎所有的人都喜欢勤快的人。同理，在这个世界上几乎所有的人都讨厌懒惰的人。

人类社会要发展离不开勤劳，大到国家、小到企业和家庭都需要勤

---

① 大本：佛教语言，最大的根本、根源。夫源：白居易的《海州刺史裴君夫人李氏墓志铭（并序）》中写道：“夫源远者流长。”源远流长，细水长流。在这里大本夫源可以理解为：伟大的成功和辛勤的劳动是成正比的，有一分劳动就有一分收获，日积月累，从少到多，奇迹就可以创造出来。

劳，因此人们制定了很多奖勤罚懒的规章制度，这就是人道酬勤的重要表现。中国的改革开放打破了以往的大锅饭，改革之初人们提倡多劳多得，少劳少得，不劳不得。现在，很多单位开始实行绩效工资，业绩突出的人绩效工资就高一些，这些都是人道酬勤的重要形式。

大家都知道玩游戏的时候要遵守游戏规则，不遵守规则会被淘汰。勤劳是我们这个社会的规则，我们既然生存在这个充满规则的社会里，就不得不遵守社会规则，否则一样会被社会抛弃。

五、勤劳是家庭和睦的重要条件

家务劳动问题是导致家庭不和睦的重要因素之一，不少的家庭矛盾来自家务劳动。自 1949 年中华人民共和国成立之日，中国的妇女得到了彻底的解放，在此之前家务劳动主要由妇女和仆人完成。中华人民共和国成立后国家倡导男女平等，家奴和仆人也随之消失了，多数家庭的家务由夫妻和子女共同承担。改革开放后出现了家政服务，这时人们也可以雇用钟点工和保姆来做家务。对于我们普通家庭来说，家务还是要靠自己来做，在这个男女平等的社会是要夫妻二人和子女共同做家务，因此，勤劳成为了家庭和睦的重要条件。

在一个家庭里面，如果夫妻两个都很勤劳，双方都争着去做家务，加之对子女的教育也到位，那么子女也会争着做家务，这样的家庭就和睦。反之，夫妻都懒惰或者有一个懒惰，这时矛盾就出现了，夫妻之间争的不是干活，而是整天争论谁干的多了、谁干的少了、应该谁干了等。日积月累，家庭就会一团糟，家务没人主动做。如果在教育子女方面也不得当，子女也不爱做家务，如此下去整个家庭的幸福感就会降低。

那么怎么解决这个问题呢？古代解决这个问题靠的是三纲五常、长幼有序和等级尊卑，就是说家庭成员之间谁做什么有个大体的规矩，大家循规蹈矩就可以了，谁不按照规矩来做事，整个社会都不答应。那时候大家也觉得这些事情该自己干，自己就要干，不去思考公平不公平、合理不合理。比如说长期以来的传统思想是男主外、女主内，现代社会也有很大一部分家庭是这样。从政治经济学角度讲，经济基础决定上层建筑，家庭也一样，经济地位决定家庭地位，其实家庭地位也是由经济基础决定的，就是说在一个家庭中谁是家庭收入的主要来源，谁的话语权就大一些，也可以少干一些家务。现代社会如果用古人的标准来看已经是“礼崩乐坏”了，比如由于长期实行计划生育，家里的独生子成了“祖宗”，几口人围着一个孩子转，小孩子成了家庭主人。当然这些是特例，实事求是地讲，长期形成的家庭伦理地位关系已经打破，而新的家庭秩序还没形成。说白了就是家庭劳务该谁干还没有明确，如果家庭也和治理有方的企业那样事事有人做、人人有事做，秩序井然，就不会有矛盾了，可是家庭毕竟不是企业。当然，也有的家庭自己定家规，比如说妻子做饭丈夫洗碗，或者每周一、三、五妻子做饭，二、四、六丈夫做饭。归根结底，大家都有惰性和渴望公平的心态，主要是心态问题，其实家务活不是很繁重，产生争执的主要原因是心理平衡问题，多数人会想：男女平等，我多干了就不平等了，而家务是烦琐的，谁也说不清谁干得多、谁干得少，时间久了矛盾就来了。

下面教给大家一个调整心态的好方法，这是笔者独创的家庭劳务心理平衡法。无论是丈夫还是妻子我们都这样想，假设没有妻子或丈夫和自己一起生活，自己一个人过是不是所有的家务都要自己做？现在有了妻子或丈夫帮自己分担了，无论她或者他做了多少都要心存感激。再有，你必须明白做家务不是给别人做的，而是给自己做的，至于谁做得多、谁做得少不要去计较，反正都是你应该做的。比如说做饭，做一个人的饭和做三个人的饭工作强度差不多，如果你一个人生活自己做了饭就有饭吃，不做就没饭吃，当然你也可以选择去饭店吃，总之想吃饭必须自己付出。当你成家后，你做饭的时候你要这样想：这饭主要是做给自己吃的，只是比自己一个人的时候多放些米、多加点菜，做好了你最亲近的家人可以和你一起吃，几个人一起吃饭比自己一个人吃更好，人多饭吃起来更香，而且如果饭菜做得可口还会得到家人的赞扬，这么一想做饭简直是一件其乐无穷的事情了。这种劳动心理平衡法在单位也适用，例如两个人共用一间办公室，这间办公室的清洁卫生两个人共同负责，如果你碰到一个懒惰的同事，他几乎不打扫卫生，这时候大多数人会感到很郁闷，时间久了自己也不打扫了，结果是办公室卫生一团糟。其实你大可不必和他计较，你就当你一个人在办公室好了，每天打扫办公室卫生也是在给自己打扫。事实上，假如真是你一个人在用这间办公室，每天打扫卫生的工作自然就是你的了，这样一想就豁然开朗了。当然了，这只是一个调整心态的小方法，家庭的和睦、生活的幸福最终还是要靠勤劳和相互包容的胸怀。

六、小结

勤劳的好处有很多，它不但可以给你带来财富和健康，还可以营造和谐温馨的家庭氛围与和谐的工作环境。文学家说勤奋是打开文学殿堂之门的一把钥匙；科学家说勤奋能使人聪明；而政治家说勤奋是实现理想的基石；农民说地是万宝囊，潜力无限长，人懒地长草，人勤地增产。

第二章　奋

某日，有职校老师问幸福老师：“在职业学校有一部分学生沉迷网络、不思进取，有什么办法可以让这些学生懂得奋发向上呢?”

幸福老师回答说：“动之以情，晓之以理。”

职校老师说：“没用的，发奋图强的大道理和故事讲多了，学生们听了无动于衷。”

幸福老师说：“你们学校的学生是富家子弟多还是寒门子弟多?”

职校老师说：“穷人家的和一般人家的孩子居多，有钱人的孩子也有，但是不多。”

幸福老师说：“如果这些学生家境不是很好，那么他们多数是希望改变现状的。在现实社会中，绝大多数的人对自己的现状是不完全满意的，包括家庭境况好的学生们。既然不满意，人们就会想要改变现状，而改变现状通常要靠努力奋斗来实现。奋发向上是人们不满足现状、想要改变现状的表现，是在做人生的第二次定位。”

职校老师问：“第二次定位？那么说还有第一次定位了?”

幸福老师说：“人这一生有两次定位的机会，人生的第一次定位就是你出生的时间、地点和家庭，有的人出生在和平年代，有的人出生在战乱时期；有的人出生在繁华的都市，有的人出生在穷乡僻壤；有的人出生在富贵之家，有的人出生在贫寒之家，这就是我们所说的命运。人生的第一次定位是命中注定的，是自己无法选择的，也是很难改变的，出生的时间、地点、家庭都很好的孩子在生活环境和受教育方面都有极大的优势，出生在境况差的家庭的孩子有的吃不饱、穿不暖，更谈不上接受良好的教育了。不过，大家不必失望，人生还有一个二次定位的机会，二次定位是自己可以选择的，比如一个人出生在农村，他不甘心在农村生活，可以选择去城市打工；一个打工者不满足打工生活，可以通过努力成为老板。这就是典型的二次定位，不过这需要通过发奋图强和奋发向上来实现。当然，你也可以选择在农村面朝黄土背朝天地过一辈子。两亩地，一头牛，老婆孩子热炕头，平平安安的日子也不错。二次定位告诉我们，一个人可以通过后天的努力改变自己的命运，正所谓脚下的路要靠自己走。”

职校老师回答：“明白了，下次鼓励贫寒人家的学生努力学习奋发向上，就用人生的二次定位来劝导他们，家庭贫穷的学生要想改变命运就要奋发图强。”

幸福老师说：“是的，其实富贵子弟同样面临着二次定位的问题，有些纨绔子弟不思进取，弄得家道没落，最后沦为贫苦之人；有的富家子弟因为家庭条件优越而有恃无恐、胡作非为，最终锒铛入狱；有的不肖子弟作恶多端，不但毁了自己的大好前程，也牵连了自己的父母。”

人生无论出身如何，他最终的成就还是要靠自己后天努力和奋斗来决定，家境好的人容易成功，而那些家境不好的也照样可以成功，甚至成功的概率不比富家子弟低，原因就是穷人家的孩子早当家，他们懂得奋斗，渴望改变。因此，无论出身如何千万别气馁，只要努力一切都有可能。艾森豪威尔年轻的时候，有一次和家人玩牌，他连续几次都拿到很糟糕的牌，情绪非常不好，态度也开始恶劣起来。她母亲见状说了段令他刻骨铭心的话：“你必须用你手中的牌玩下去，就好比人生，发牌的是上帝，不管是怎样的牌，你都必须拿着，你所做的就是尽你全力，求得最好的结果。”

人生二次定位理论，可以使不同出身的人产生共鸣，激发出他们奋发向上的斗志。

第一节　习得奋发精神

《庄子》云："夫哀莫大于心死，而人死亦次之。"人活着要有一点精神，不能无精打采。精神不是万能的，但没有精神是万万不能的。奋发有为的精神状态，不但可以转化为攻坚克难的坚强意志，而且可以转化为推动事业蓬勃发展的强大力量。

一、折腾的人生需要奋发精神

人的一生实际上就是不断奋斗的一生，说白了就是在不停地折腾。折腾从出生开始，人一出生就懂得哭闹，饿了哭、身体不舒服了哭，通过哭来引起大人的关注，满足自己的需要；稍微大一点了，我们继续为了一口好吃的、一件漂亮衣服、一个好玩的玩具折腾，这段时间主要是在折腾自己的父母；等我们上小学了，开始自愿或不自愿地学习，有的孩子不但要学习课本知识，还要去学音乐、舞蹈、绘画、跆拳道等，这段时间部分孩子在被自己的父母折腾；小学毕业上了初中，开始了为升学而折腾的漫漫长路，初中升高中要争取进重点高中，高中考大学要考重点大学，本科读了考硕士，硕士之后考博士；大学毕业了又要为找到合适的工作折腾，找到工作后要为赚钱、娶老婆、成家立业而折腾；成家了为了让家人生活得多姿多彩而努力经营，为了让自己和家人住上自己喜欢的房子而努力折腾；当你自己折腾得差不多了，开始为自己的孩子折腾。正所谓生命不止，战斗不息，人生就是为这样或那样一个又一个小小的目标而不断地折腾着、奋斗着！

人的一生说难听一点儿也是挣扎的一生。大家回想一下有谁会一生从没遇到过挫折，从没遇到过困境呢？有的人为了温饱挣扎着，有的人为了找到工作挣扎着，有的人在巨大的压力下挣扎着……

折腾的人生需要奋发的精神，精神不倒，身体就不会倒下，即使我们真的倒下了，只要精神还在就会有站起来的机会。

二、确立目标

（一）目标与奋斗的关系

奋发精神的习得需要有明确的目标指引，奋发精神有别于为了生活和工作的压力而不得不去做事的挣扎，是一种发自内心的不屈不挠的精神。有的人天生有这种精神，对于普通人而言，则需要一个目标来驱使，有目标才有动力，有动力才会奋发向上。

想要达到目标是奋发向上的原动力，奋发的目的是为了向上，因此，习得奋发精神的重要前提是要有目标，就是先要确定为什么奋斗。目标越崇高、越明确，奋斗的情绪就越强烈，越能得到多方面的启发、考验和锻炼，越能淋漓尽致地发挥各方面的才能，越能迈出坚定的步伐，越能为社会做出较大的贡献。

目标是人们为之奋斗的方向，奋斗是实现目标的手段。奋斗得越接近于目标的实现，奋斗的动力越强；人们对实现目标的渴望越强烈，奋发的动力越强；目标的实现与自身的需求关联性越强，奋斗的动力越强。例如读书，古时候有科举制度，天下读书人的目标就是参加科举考取功名，人们把中举比喻为鲤鱼跃龙门，只要考取了功名就会有高官厚禄，古人常说："十年寒窗无人问，一举成名天下知。"古人宁可头悬梁、锥刺股也要读好书，特别是贫苦的读书人，他们考取功名的欲望很强烈。在大学生分配工作的年代，读书考大学和实现梦想的关联性也很强，因为只要考上大学，毕业后就会有"铁饭碗"了，所以人们考大学的欲望很强，读书的热情也很高，尤其对于农村的孩子，考上大学是进城生活的最好途径。那个时代的发奋读书的学生特别多，那时候的奋发动力极强。现在，大学生毕业不再包分配了，改为了双向选择，这时候发奋读书的动力就开始减弱了，因为发奋读书考上大学后也未必会有好的工作，奋斗的过程和目标的实现关联度减弱，社会上开始出现读书无用论。少数大学生毕业后找不到满意的工作，这样使得个别人认为即使发奋读书也未必有好前程，这时人们读书考大学的欲望开始不那么强烈了，这是当今社会的青少年不像过去的孩子那般刻苦读书的原因之一。

（二）确立奋发的目标

确立合理的目标，为实现目标而奋发图强，这时自然有了奋发精神。一个人的目标确立要合理清晰，不可含混不清，要确立经过努力可以实现的，不可确立高不可攀的。目前，被社会大众普遍认可的个人成长目标是少年时期勤奋学习考个好大学，大学毕业找到好工作，工作之后娶妻生子过上富足安康的生活，等等，这些目标的实质是对美好生活的向往。诸多小目标的最终目标是过上富足安康的生活，这些目标的存在为人们奋发图强提供了理由。

要如何确立奋发的目标呢?

一是，一个人要有理想、有抱负，理想和抱负是人生的大目标。有了人生大目标后，还需要把大目标划分为若干个小目标，人们一般要通过实现一个个的小目标进而实现个人的大目标。

二是，要为实现目标制订计划，通过努力奋斗完成计划实现目标。有计划地奋发图强更容易实现目标。确立了目标就有了奋斗的动力，在动力的驱动之下一直坚持下去，离达到目标就不远了。

三、榜样的作用

古今中外有很多奋发图强的楷模，他们的奋发精神无时无刻不在鼓舞着我们。一个人在成长过程中，总要去学习模仿一些人，用他们的事迹来激励自己，用他们的行为来规范自己。从他们身上我们知道什么可以做，什么不可以做，什么应该做，什么不应该做。心灰意懒时，他们为我们吹起振奋的号角；志骄意满时，他们为我们敲响警醒的钟声；为善时，他们给我们送来欣赏赞许；为恶时，他们给我们当头棒喝。这就是榜样，他们在我们的成长过程中有不可代替的作用。

（一）拿伟人做榜样

几乎所有的伟人都是我们的榜样，从古代的帝王将相到当今社会叱咤风云的国家首脑和富可敌国的富商巨贾。我们可以从中选择一个自己最崇拜的人作为自己的偶像，把他作为自己奋斗的目标和激励自己努力的动力。我们可以把自己偶像的丰功伟绩作为自己的理想，时刻鼓励自己为了理想而努力。这些偶像可以作为你人生的灯塔，你也可以学习他们的精神，用他们的精神激励自己。从古至今因为崇拜伟人而最终成功的案例很多，比如：女科学家雅娄在高中时期，就把居里夫人作为自己的偶像，时常鼓励自己要做一名像居里夫人一样的科学家，从而走上了科学研究之路。

（二）从身边寻找榜样

除了伟人之外，在我们身边还有很多值得我们学习的人，把身边的人作为偶像更真实。

在众多的平常人中，有很多人值得我们学习，在我们身边有很多勤奋的人值得我们把他们作为榜样。常言道：莫道行路早，更有早行人。这句话的意思是说你早上 5 点钟起来赶路了，你自己觉得很早了，可是来到大路上你发现有人比你更早而且已经走在你前面了。事实真的是这样的，记得笔者在企业工作时，有一次是从济南到枣庄投标。凌晨 1 点多出发，车子行驶在路上时发现我们前面有车，我们的后面也有车在赶路。本来以为自己很辛苦了，走到路上你会发现其实有人比你还辛苦；本以为自己很勤奋了，在人生的路上你会发现比你勤奋的人多了去了。只要用心，身边随处是榜样，这些榜样激励着我们要奋发图强。

（三）学习榜样精神

有人说："我们没法学习比尔·盖茨，也没法学习李嘉诚，因为他们实在太强大了。"其实，我们学习别人不一定要成为别人，而是要学习他们的精神，我们可以学习他们的工作作风，学习他们的奋斗精神。学习榜样的要点是学习他们不屈不挠的奋斗精神和他们的聪明才智。也许你现在和那些成功人士相差甚远，但是，你要知道谁也不是一步登天的，成功需要一个过程，要相信只要努力，不久的将来你一样会很优秀。陈胜、吴广在起义的时候说的那句话很有道理：“王侯将相宁有种乎!”大家都是人，都是两个肩膀扛一个脑袋，只要我们敢想敢为、善做善为，定能成功。

（四）塑造一个理想自我

偶像和榜样并不是一定要现实存在的，其实榜样也可以自己塑造，例如你想成为一名企业家，那么你心目中的企业家是什么样的？你把他勾勒出来，使他具体化、形象化，那就是你最好的榜样。

现实存在的榜样有的高不可攀，有的略有瑕疵，因此，每个人心中都有一个完美的偶像。多数人都有追求完美的心理，完美是人们长期追求的目标之一。我们可以塑造一个理想中的自我，然后努力向着理想中的自己靠近。现实中我们虽然不够完美，但是我们可以尽量去接近完美，我们也许不够优秀，但是我们可以尽最大努力使自己变得优秀。我们可以把自己想象成是完美的、优秀的，然后按照自己想象的完美与优秀的标准来要求自己。比如在生活中，难免会有一些人令你很讨厌，这时候你怎么办？是沉浸在怨恨中，还是宽容他？其实，恨别人时，痛苦的不是被恨的人，而是恨别人的那个人。因此，当你恨一个人且无法释怀的时候，你可以把自己想象成一个胸怀宽广的人，你对自己说你是一个心胸极为宽广的人，这些小事不足挂齿，那个人是个和你修为相差甚远的人，不值得你动怒，你要以你那博大的胸怀宽恕他。这似乎有一点阿Q精神，其实阿Q精神也有可取之处。

习得奋发向上的精神，可以先把自己想象为一个奋发图强的有志之士，然后用一个自己理想中的不怕苦不怕累、奋发有为的完美自己去约束自己的行为，当你懒散的时候，你告诫自己，我是一个勤奋的人；当你萎靡不振的时候，你告诉你自己，我是一个勇敢的人，是一个精神抖擞的人。

塑造一个理想的自己作为榜样，往往可以保存自己的纯真，使自己少受一些社会不良习气的感染。你把现在的你想象成希望中的自我，久而久之你就会成为心目中那个理想的自我了。

四、良好的自我心理暗示

心理暗示力是一种神奇的力量，在很多时候，它能让一个人发挥出超强的能力。美国著名心理学专家约瑟夫·墨菲曾经说过这样一句话："不管你的意识做出任何的假设和默许，你的潜意识都会接受，并且会实现这样一个意向。"而事实上也确实如此，世界上发生过很多这样的事情，当一个人不断地运用积极的信号来暗示自己的时候，他就会受到一定程度的感染，并且会得到一个较好的结果。

自我暗示是指透过五种感官元素（视觉、听觉、嗅觉、味觉、触觉）给予自己心理暗示或刺激，是人心理活动中意识思想的发生部分与潜意识的行动部分之间的沟通媒介。它是一种启示、提醒和指令，它会告诉你注意什么、追求什么、致力于什么和怎样行动，因而它能支配和影响你的行为。"暗示"可以影响人的情绪和意志，良好的自我暗示有利于奋发精神的形成。

五、责任

责任是一个人奋斗的动力之一，其实，我们每个人活着不单单是为了自己，很多人努力奋斗是为了别人，是为了一种责任。做父母的努力拼搏，说是为了给孩子一个好的生活；做子女的奋发图强，说是为了给父母一个好的晚年；丈夫勤奋工作，说是为了给妻子一个幸福的家庭……我们不去考证这些说法是否是人们的真实想法，不可否认的是，有些时候人们确实是在为一种责任和担当而奋斗。比如有的父母自己省吃俭用也要供儿女读书，自己不舍得花钱却怕委屈了孩子；有的子女工作后拿到的第一份工资不是自己花掉，而是拿到父母面前，对父母说："爸爸、妈妈，这是我第一次赚的钱，我以后会努力工作赚更多的钱孝敬您二老。"

责任与担当是人们奋发图强的动力，奋发精神的习得需要责任感来强化。一个有担当的人这一生需要承担很多责任，家庭的责任、工作的责任和社会的责任等。

责任和担当不仅是一个人奋发图强的动力，它还是我们取得成功的重要条件。在工作中，很多人会觉得多一事不如少一事，反正不是我出的问题，也不用我去承担责任。可是你想过没有，你与公司是一体的，不管发生了什么，公司中任何一个人都无法逃脱干系。责任往往和成功相伴而来，你能够承担起责任范围之外的责任，公司自然会给予你工作之外的报酬，而你的信誉度——这种无法估量的资产，更会给你带来意想不到的收获。永远拘泥于自己工作的小圈子里，就永远也跨不进成功的大圈子中。

一个人最终能取得多大的成绩和他的责任感有关。你把国家兴亡作为自己的责任，那么你的事业就与国家有关；你把单位发展作为己任，那么你的事业就是单位这么大；如果你把家庭兴衰作为自己的责任，那么你的事业就是家庭；如果你什么责任都不想承担，那么你就是无所事事的人。

无论是在单位还是在家庭里，一个人什么事都不想做，什么责任都不想承担，那么他注定是无法成功的人。你从来什么都不想做，何谈成功呢？反之，一个敢于担当、有责任心，无论什么苦活儿累活儿都肯干的人必定会受到重用。试想在一个单位里，什么都不想做、遇事就推脱的人谁会给他成功的机会呢？即使你想给他机会他也不要，因为机会就在做事中，他不做事哪里有机会。时间久了再没有人去给他机会了，在领导眼里他成了扶不上墙的烂泥。

在一个单位里，不管什么事情都愿意承担的人通常会被大家认可，特别是会受到领导的喜欢。例如：在一个新开的公司里，因为是节假日，其他工作人员都不在，只有一个中年妇女在前厅。来了客人她就帮忙给倒水，有客户咨询她就主动上前接待客户，介绍公司产品。不知道的人都以为这个可能是公司的高管，事后一打听原来是在公司做饭的阿姨。她人很勤快，除了做饭别的事情也帮忙做，这样的人，单位领导和同事都喜欢，这个人未来还真有可能会成为公司高管呢！

六、变压力为动力

压力可转化为动力，危机中会有转机。面对逆境，我们能否变压力为动力、化挑战为机遇，最终战胜困难迈向胜利，一个重要因素就在于我们有没有攻坚克难的信心，进一步讲就是我们能否坚定信心、下定决心，迎难而上、奋力拼搏。信心就像太阳一样，是凝聚力量的“精气神”，给身处逆境者以光明和希望。

压力会压得我们喘息困难，甚至有的时候会把我们压垮，同时压力也是奋发的催化剂，就像有了竞争企业才能更好地发展一样，因为竞争的压力促使企业不断创新和不断提升服务能力。

对个人来说也是一样的，有压力的人更懂得奋发图强的重要性，为什么人们常说“穷人家的孩子早当家”，因为有压力不得不早懂事。

一个奋发有为的人一定要懂得变压力为动力，懂得对自己加压，适当的压力可以使我们绷紧奋斗这根弦。兵家有云：“置之死地而后生。”这就是自我加压的方式，压力可以激发人的潜能。

七、小结

人活着需要有一种奋发向上的精神作为支撑，支撑着自己顽强地走完这一生并取得一定的成绩。如果没有精神作支撑，一个人的生活和工作都可能会陷入迷茫之中，奋发向上的精神能够推动人们努力前行，因此，我们必须努力习得奋发向上的精神，人活着就要活出自己的精气神。臧克家为纪念鲁迅先生逝世 13 周年写了《有的人》这首诗，诗中有这样一句话：“有的人活着，他已经死了；有的人死了，他还活着。”希望大家都好好活着，不断奋发向上。

第二节　持之以恒，“剩”者为王

一、持之以恒

奋发的精神不是一时的心血来潮和片刻的兴奋，要持之以恒。很多人最开始都是有理想、有抱负的，可是真正成功的人并不多，原因就是不能坚持不懈地奋斗下去。俗话说："好马上路走到头，好汉做事干到底。"只要功夫深，铁杵磨成针，持之以恒也是奋发精神的一种表现。

有一位颇有才华的老师曾经说过这样一句话："你在一个行业里踏踏实实地干下去，一般是三年一小成，五年一大成，十年可以成为这一行业的专家。"这位老师说得很有道理，切合了古语"十年磨一剑"，古人也是认为专心做一件事，十年可以做出成绩。

意志在于磨炼，成功在于坚持。古今中外靠持之以恒成功的案例有很多，不少人一直在抱怨为什么自己没成功，自己能力也不差啊，为什么那些看起来没有自己能力强的人成功了？自己也不是没有努力啊。有不少人曾经努力过，也付出过很多努力，但就是没有成功，其中多数是因为没能坚持到最后，有的甚至在马上就成功了的时候没能咬紧牙关挺过去。一旦失败了，前面所付出的一切就都化为了乌有。

凡成大事者必具有坚韧不拔的精神，什么叫坚韧？看不到转机，仍然勇往直前；身上的金钱只够今天的开支，明天没有保障，但还是苦拼下去，这才是坚韧。

二、"剩"者为王

人活着本不易，活下来坚持到最后就是胜利。很多浮躁的职场新人喜欢把当下的工作当跳板，骑马找马成了频繁换工作的流行语。甭管有能力没能力，总怀着"金鳞岂是池中物"的信念，跳啊跳，自我感觉一直在追求进步，而事实上成就了那一大批最墨守成规、追求安稳的同事。若干年后再回首，当初那些在办公室里看似能力平平的人，已经升到了部门经理、项目主管，而自己还在新岗位上追逐着最佳新人奖。

"剩"者为王是有着它的科学依据的，在一个企业里能够安心留下来的基本都是对企业比较忠诚的员工，老员工因为在企业工作的时间长，对企业和业务都比较熟悉，人际关系也比较融洽，对企业上上下下的人都有些了解。当一个企业需要提拔下属时，一般喜欢优先考虑对企业忠诚、业务熟悉的老员工。越是流动性强的部门和岗位越是愿意提拔老员工，比如民营企业的销售部门是一个流动性很强的部门，业务员经常换是很平常的事情。有些企业几乎每年都要招聘业务员来补充销售队伍，销售工作往往是一个艰苦的职业，要出成绩除了努力之外还要靠日积月累。有的推销员在单位做几个月没成绩就离开了，很有可能当他离开不久就有业务上门了，这样一来他辛苦几个月的业务就留给了没走的老业务员。就像战争年代一样，经过无数次的战争，活下来的多数成为了军官，一场残酷的战争下来，高级军官战死了自然要提拔中层军官，中层军官战死或被提拔了，低级军官自然就升为了中层军官；军队伤亡过多自然要补充兵员，新兵来了之后老兵就成了班长……同理，在企业人员流动性强的部门和岗位，新员工来了要有老员工带，公司干部流失了也是要由老员工来顶替，因此坚持留下来的员工终究会得到重用。

“剩”者为王对于人员较稳定的企事业单位也适用，只要坚持在一个单位或者一个行业坚持做下去，只要不是特别笨，时间久了即使不被提拔，你也可以成为这个行业的专家。如果一个人长期从事一项工作，一干就是十几年甚至几十年，想不成为专家都难。

其实，大多数人都是希望稳定的，人们之所以要跳槽，多数是对现在的单位不满意，对领导不满意，对工作环境不满意，对工资待遇不满意。生活和工作中的不如意是在所难免的，所谓“智深需有忍，将勇贵能谋”，一个人要有一定的忍耐力和谋略才行，不能遇到一点难处就回避，在单位里稍微有些不如意就想换单位。如果单位的领导确实很令你讨厌，工作的环境确实不太好，但只要你坚持不懈地努力工作，随着时间的推移，工作环境会因为你的付出变得越来越好，领导对你的态度也会越来越好。即使你努力工作仍然得不到领导的赏识，工资也没涨，记住“剩”者为王，坚持不懈地努力工作下去，终究有一天你会成“王”。当你成了某一行业的专家之后，工作环境自然会好起来，工资待遇自然会提高，领导自然不敢小瞧你了，因为你已经具备了炒领导鱿鱼的资本。如果一个人坚持在一个岗位奋斗终生，那么他极有可能在这个岗位上做出极大的成绩。人的一生有很多事要做，假如有谁能用一生去做一件事并且把这件事做到极致，那真的是很了不起。

三、相信自己

一个人只有相信自己才会有信心，信心是坚持奋斗的动力和源泉，“哀莫大于心死”，没有信心是很难做到持之以恒地奋斗的。信心是一个人奋斗的精神支柱，相信自己的能力，相信自己选择的路是对的，相信通过自己的奋斗一定会有好的结果。

不要怀疑自己的能力，要对自己有信心，你要真心相信是金子总会发光，是玫瑰总会开花的。要相信“持之以恒，‘剩’者为王”这一真理，一旦认准的路要坚持走下去，认准的事要坚持做到底，相信你自己总有一天会成功。

相信自己能做好是一种积极的自我暗示，一个人的自我意识通常是我们自己潜能释放的诱因。当我们对自己有信心，也就是自我意识正面影响我们的时候，就会激发我们努力去做好每一件事。

四、小结

做事要能够坚持，切不可半途而废。廖泉文教授提出了烧开水理论——证明自己存在的三个过程：第一个过程是“不断添柴”，即努力学习，不停顿地学习，是个不停顿地向社会和环境学习的过程；第二个过程是耐得住寂寞，“不要频繁地掀锅盖”，也就是在积累过程中不能急于表现自己，这种积累既要求自己吃苦，还要求自己谦虚；第三个过程是“水开了”，沸沸扬扬，证明你的存在。此时要注意保护它们，不要让烧开的水喷洒出来，浇熄了把水烧开的火。牟其中也提出过“99℃加 1℃”的理论，牟其中形象地说道：“有一壶水烧到 99℃，还没有沸腾，没有产生价值，有人就建议干脆把它倒掉重烧一壶。这种人是傻瓜。聪明的做法是，在这壶已烧到 99℃ 的水下再加一把柴，水就会开了，价值就会产生了。”

第三节　奋发

一、振奋精神折腾起来

折腾是一种自强不息的奋斗精神，我们需要振奋精神折腾起来。不断地折腾可以激发自己潜能，有一本书叫《骨干是折腾出来的》，还有一本书叫《成功是折腾出来的》。这么多写折腾的书，可见折腾是被很多人认可的。

人生需要改变，人生不怕折腾。只有不停地折腾，才会使生命充满朝气，才不会使生命变得僵硬，才能够证明自己是活着的！既然还活着，就不要停下前行的脚步；既然活着，就要保持冲锋的姿势；既然活着，就不要安于现状。

（一）折腾是一种积极的人生观和勇于超越自我的态度

人生在世难免要折腾，你不折腾也会有人来折腾你，你自己折腾是主动的折腾，主动去折腾是一种奋斗精神，是积极的人生观。被社会和他人折腾则是被动的折腾，被动折腾会使人产生抵抗情绪进而出现消极的心理。既然如此，与其被动接受别人的折腾，不如自己主动去折腾。

（二）折腾不是瞎折腾

有一本书叫《不折腾的人生》，书的大意说：一个人不折腾，最容易获得成功；一个企业不折腾，就会稳步攀升。书中所提倡的不折腾，即是不瞎折腾，是以最小的成本博取最大的收获。

折腾是不可避免的，个人也好，企业也罢，不折腾不行，但是也不能瞎折腾。折腾之前应当做好充分的准备，“凡事预则立，不预则废”，在折腾之前要做好计划并且要不断改进计划。不盲目折腾才是真正的折腾，盲目折腾就是瞎折腾，瞎折腾很有可能会徒劳无功。

二、享受奋斗的过程

重过程、轻结果是人生的一种境界，我们要学会享受奋斗的过程。我们谁都清楚不是所有的努力都会达到目标，不管目标是否达到，只要努力奋斗过了就会有经验，宝贵的经验也是收获。在奋斗的过程中不能太在意结果，太在意结果反而会影响你的奋斗过程。这是心态问题，好的心态会促进良性的奋斗，努力去做而不刻意追求结果就是一种良好的心态。有这样积极心态的人，抗挫折能力会强；那些太重视结果的人，一旦失败往往难以自拔，有的人甚至因为打击太大而轻生。

我们活着，奋斗着，不是为了将来而活，我们能活着的时刻只有当下。因此，必须学会享受奋斗的过程，过程是最美好的。不知道你有没有过这样的感觉，当你为某件事情努力的时候，你是充实的；当你终于取得成功后，在成功那一刻反而会有一种迷茫和失落。一下子从高度紧张中松弛下来，往往会有一种莫名的失望。

为了希望而努力奋斗，其间会遭受各种磨难，有些人也许觉得那些磨难很苦，难以忍受，每天一早别人都在睡觉，而你必须在漆黑的早晨爬起来工作；别人在享受美食的时候，你却在啃面包或在吃方便面；别人在逛街、聚会的时候，你还是在默默地一个人整理文件。如果你觉得这是苦，那么这些苦只会将你的意志消磨掉。也许你会败下阵来，也许你会怀疑心中的梦想到底值不值得这样的付出。但如果你觉得这些是美好的过程，这些使你过得很充实，你就会变得更坚毅。

尽力吧，不要去想自己付出了多少，好好想想自己还可以做什么，不要去想万一失败会如何，其实无论成功和失败都是顺带而来的一个结果，你获得的永远与你的付出成正比。你掌握的知识不是仅仅为了应付考试，而是为了以后在实践中运用，因为考试也仅仅是为了选拔具备充足知识的人来满足工作的需要。

《孟子》曰："天将降大任于是人也，必先苦其心志，劳其筋骨，饿其体肤，空乏其身，行拂乱其所为，所以动心忍性，曾益其所不能。"这些话很有道理，不过也让人们有了一些误解，似乎成功一定要经历磨难才行。而事实上奋斗没有我们想象的那么艰难，很多事情并不是磨难，这些仅仅是一种生活方式，如果你能享受这个过程，你就不会觉得累。细细品味，你会发现苦也是一种感觉，只是一种感觉而已，就和酸、甜、辣一样都是一种感觉，怎么会需要忍受呢？无论酸甜苦辣，只要习惯了就觉得是美好的，例如：有的人吃不了酸的东西，认为酸真难吃，可有的人一天不吃就难受；有很多人不喜欢吃很辣的东西，而四川、湖南和贵州人一顿不吃辣就不舒服；大家都不喜欢苦味，可是我们喝的咖啡和苦丁茶也都是很苦的，而且还有很多人喜欢喝咖啡和苦丁茶。

当你结束一段征程，回过头来看，无论你达没达到理想的彼岸，那段奋斗的经历，那种追梦的感觉都是无比美好的。只要你愿意，多远的极限都不是极限，就如同你集中注意力看一部有趣的电影一样，你不会想睡觉，不会觉得饿，也不会觉得头昏脑涨，因为你能从中得到乐趣。工作也是如此，其实你的头脑可以更清醒，工作可以更有效率。只要你愿意，多久你都不会觉得累，因为那是一种快乐，是一种享受。

回过头来，看看你人生中的点点滴滴，哪些日子是印象最深最美好的？也许你会为了享受一部电影和品尝一份美食而感到快乐，但那种快乐只是暂时的，因为随着时光流逝，已经记不起具体的电影情节，也回忆不起那份美食的味道了。但是那些奋斗的日子却是真实的，每每想起都会让你欣然微笑，让你感到自己存在的意义，让你感到自己真真实实地活过。

让我们享受奋斗的过程吧，那是一种生活的体验，是一种让生活发出光和热的更积极的生活方式。回过头来看的时候，你会为那些充实又满含希望的回忆而微笑的，那些回忆才是真正美好的收获。

三、挫折面前莫低头

（一）坚持到无能为力，努力到感动自己

俗话说：“尽人事，听天命。”努力也许没有结果，可是不努力就永远

没有结果。生活的真理不在于你能够想象得多好，而是你能把自己的梦想实现多少。人的一生必须奋斗，唯有奋斗才能成功。相信自己，我们就会谱出一段美妙的乐章，来唱出我们心中的那首歌。张闻天说过这样一句话：“生活的理想，就是为了理想的生活。”我们每个人都有过自己的理想，为了实现理想每个人都努力过，然而，多数人的现实生活是不理想。为什么会这样？因为人生的道路上是荆棘和鲜花并存的。总之，生活是很现实的，没有一个人的生活是一帆风顺的。

那些取得了成功、实现了理想的人往往是那些能够坚持的人，特别是在创业的人们，创业路上不好走，不经历风雨真的见不到彩虹。

要想实现理想需要有坚持到无能为力、努力到感动自己的精神。“春蚕到死丝方尽，人至期颐亦不休。一息尚存须努力，留作青年好范畴。”

英国著名作家狄更斯曾经讲过这样一句话：“顽强的毅力可以征服世界上任何一座高峰。”没有比脚更长的路，没有比人更高的山，成功永远属于那些意志坚强、永不言败的强者。爱迪生就是战胜了一个个挫折而成为“发明大王”的。为了找到合适的灯丝，爱迪生先是用碳化物做实验，失败后又以金属铂与铱高熔点合金做灯丝实验。他的实验笔记簿达二百多本，共计四万余页，先后经过三年的时间。他每天工作十八九个小时，每天清早三四点的时候，他才头枕两三本书，躺在实验用的桌子下面睡觉。有时他一天在凳子上睡三四次，每次只睡半小时。到了1880年的上半年，爱迪生的白热灯实验仍无结果，就连他的助手也灰心了。有一天，他把实验室里的一把芭蕉扇边上缚着的一条竹丝撕成细丝，经碳化后做成一根灯丝，结果这一次比以前做的种种实验都成功，这便是爱迪生最早发明的白热电灯——竹丝电灯。爱迪生从来没有动摇过，他大约经过五万次的实验，写成实验笔记一百五十多本，才达到目的。

（二）遇到挫折不放弃

中国第一部纪传体通史《史记》是司马迁在艰难困苦中完成的。《史记》记载了上至上古传说中的黄帝时代，下至汉武帝太史元年间共三千多年的历史。至于《史记》到底是不是司马迁在狱中完成的虽然已经无从考证，但是司马迁确实是顶着身体和精神上的双重痛苦写完《史记》的。

现代遇到挫折不放弃的事例也很多，相信大家都听说过张海迪的事迹：张海迪5岁时因患脊髓病导致高位截瘫，与同龄人比较，她失去了太多东西。然而，在残酷的命运面前，她没有沮丧和沉沦，她以顽强的毅力和恒心与疾病做斗争，经受了严峻的考验，对人生充满了信心。她虽然没有机会走进校门，却发奋学习，学完了小学、中学全部课程，自学了大学英语、日语、德语，并攻读了大学和硕士研究生的课程。

当你面对挫折的时候，要保持一颗平常心，就像古人所说："不以物喜，不以己悲。"要有乐观的态度，坚信办法总比困难多，没有过不去的"火焰山"。

四、做好眼前事

人们总是对于越是得不到的东西越想得到，一旦得到了又未必珍惜。多数人不懂得珍惜眼前的和已经拥有的美好事物，往往是失去以后才觉得可贵。得不到的想得到，得到的不珍惜，失去的觉得可惜，这是人性的弱点。我们要克服人性的弱点，珍惜身边人，做好眼前事。

什么是奋斗？别人不愿吃的苦你愿意吃，别人不愿做的事情你愿意做，别人觉得累的活你不觉得累，别人休息的时候你仍在工作，这就是奋斗。

（一）我们每个人所做的工作，都是由一件件小事构成

工作中的高低之分，不在于工作本身，也不在于起点，而在于每个人的境界。只有提升自己的境界，才能提升工作的质量。成功也不复杂，努力做好眼前的每件事情，认真地做好每一件平凡的事就是成功。

20世纪70年代初期，美国麦当劳总公司看好中国台湾市场。他们在正式进军台湾市场前，需要在当地培训一批高层领导，于是进行公开的考试。由于公司要求的标准很高，很多初出茅庐的年轻人都没有通过考试。

经过一再筛选，一位名叫韩定国的年轻人脱颖而出。最后一轮面试时，麦当劳的总裁和韩定国夫妇谈了3次，并且问了他一个让人意想不到的问题："假如我们要您先去洗厕所，你愿意吗?"还未等到他开口，一旁的韩太太随口答道："我们家的厕所一直都是他洗的。"总裁十分高兴，免去了最后的面试，当场决定录用韩定国。后来韩定国才知道，麦当劳训练员工的第一堂课就是从洗厕所开始的。只有先从卑微的工作开始做起，才有可能成功。韩定国后来之所以能成为知名的企业家，就是因为他一开始能从卑微的小事做起，做别人不愿做的事情。

（二）将简单的工作做到最好

海尔总裁张瑞敏说："什么是不简单，把每件简单的工作做好就是不简单，把每件平凡的工作做好就是不平凡。"我们的工作都是由一件件小事拼凑起来的，只要将每一件简单的事做到最好，积累起来后，就是成功的基石。

蒙牛前总裁牛根生也说过："把平凡的事情当作不平凡的事情去做，把不平凡的事情当作平凡的事情做，这就是成功的起点。"当我们都能以这种心态去对待工作的时候，怎么能不成功呢?

五、艰苦奋斗，曙光在前

苦尽甘来，奋斗的过程也许是艰苦的，但结果一定是美好的。

六、小结

奋发图强是社会进步的动力，只有奋发图强才会有国家和民族的强大，才会有个人的成功。一个人不奋斗不能成功，一个民族不奋斗不能兴盛，一个国家不奋斗不能立足世界。因为奋斗，我们变得坚强；因为奋斗，我们学会拼搏；因为奋斗，我们懂得自豪；因为奋斗，我们学会走好人生之路。奋斗使我们奔向理想的彼岸，奋斗使我们拥有完美的人生。

第三章　智

在儒家的道德规范体系中，“智”是基本的德目之一，也是儒家理想人格的重要品质之一，被视为“三达德”“四德”及“五常”之一。思想家孔子把“智”与“仁”“勇”两个道德规范并举，定位为君子之道，即所谓“知（智）者不惑，仁者不忧，勇者不惧”。在儒家思想中，孟子第一次以“仁义礼智”四德并提，他从行为的节制和形式的修饰、道德的认知和意志的保障等意义上确立了礼与智在道德体系中的不可或缺的位置。到了汉代，儒家“五常”（仁义礼智信）确立，“智”位列其中。

第一节　什么是智慧

知识易言，智慧难说。使人发光的不是衣上的珠宝，而是心灵深处的智慧。

智慧是一种基于知识，显于才能，达于彻悟的高、深、远、广的认识能力和精神境界。一方面，它是一种认识能力，是人的一种深层次的、高瞻远瞩的认识能力；另一方面，它是一种境界，即一种通彻事理、了悟世情、洞察人生的精神境界。具备敏锐的观察力、惊人的模仿力、深邃严密的思考力、神妙高超的悟性、卓越独到的见识，并能够合理运用已有知识的人，就是有智慧的人。

在中国，“智慧”或单一的“智”字，在先秦时已出现，但其含义在当时并没有明确的界定和解释。譬如《道德经》说：“智慧出，有大伪。”

《论语》说："务民之义，敬鬼神而远之，可谓知（智）矣。"《孟子》中说："虽有智慧，不如乘势。"《荀子》提出："知有所合谓之智。"由此可以看出，先秦诸子已大量使用"智慧"或"智"这个词，但对这个词的词义本身没有给予直接的解释。直到百年后汉初的贾谊，才第一次对"智慧"作出明确的界定："深知祸福谓之知（智），反知（智）为愚。亟见窕察谓之慧，反慧为童（蒙昧）。"就是说，智慧是指人们对未来祸福的深刻认知以及敏捷的思维能力。

一、智慧与聪明

不吃亏是聪明，愿吃亏是智慧；拿得起是聪明，放得下是智慧；聪明保全眼前，智慧着重长远；聪明是能力，智慧是境界；聪明得于天生，智慧源于修炼。

聪明可以是与生俱来的，但是智慧必须通过后天的学习和努力才能获得。我们可以说一个小孩很聪明，但不能说他很有智慧，就是这个道理。聪明人常常因为左右逢源而受欢迎，智者往往因为甘于淡泊而显得孤单。前者赚来的是一时的人缘，而后者更能长久地赢得人心。

聪明能带来财富和权力，智慧能带来快乐。聪明人往往有更多技能，而现实中这些技能只要有机缘，就能转化为财富和权力，但是财富、权力与快乐很多时候并不成正比，因为快乐来自人心。一个人获得财富不是很难，而要想脱离烦恼比较难，聪明可以发财，但是不一定能获得真正的快乐，要想摆脱烦恼获得快乐需要有大智慧。

智慧者内藏，聪明者外露。人生需要的是大智慧，而最忌讳的是小聪明。有大智慧才能有大境界，才能有大美丽，才能有大人生，而这才是至诚至善的人生。小聪明总有个性的弱点，个性的弱点总会造成人生的局限。

小人物运用大智慧，一生受益无穷。聪明的人会做事，智慧的人会做人；聪明能助己，智慧可渡人；聪明看得清现在，智慧看得到未来；聪明精算计，智慧则若愚。

智慧者是在后天的学习与思考之中形成一种哲理体系的人，他们是能看透事物本质及一般规律的哲人。智慧者是具有极高参悟能力的人，即悟性和灵性高的人。

聪明与智慧的区别不是绝对的、一成不变的。智慧人人具有，只是开发程度不同而已。智慧不会变小，聪明却会变大，聪明大到一定程度，可以上升为智慧。

二、智慧与智力

智力也叫智能，是人们认识客观事物并运用知识解决实际问题的能力。智力包括多个方面，如观察力、记忆力、想象力、分析判断能力、思维能力、应变能力等，智力的高低通常用智力商数来表示。智力不指代智慧，两者意义有一定的差别。

智慧是智力器官的终极功能，与“形而上者谓之道”有异曲同工之处，智力是“形而下者谓之器”。智慧使我们做出正确的决策，有智慧的人称为智者。对于一个人而言，仅仅是具备出色的智力水平是不够的，还要学会如何出色地使用它。

智力是人对事物的认知能力，智力主要是由观察能力、记忆能力、思维能力、想象能力与操作能力构成的。智力基本是先天的，智力好的人也就是人们常说的聪明人。智慧是对事物能迅速、灵活、正确地理解和解决的能力，是认知人生和世界的能力。智慧是后天修炼而成的，智慧的人也就是人们常说的智者。

三、智慧与知识

智慧是穿不破的衣裳，知识是取之不尽的宝藏。

古希腊哲学家赫拉克利特认为，博学并不等于智慧。智慧是知识和才能的统帅，它指导着知识和才能的获得和运用。智慧也离不开知识和才能，它以知识为基础，通过人的才能来显现智慧。就智慧与知识的关系而言，智慧不等于知识，但基于知识。它是在知识的基础上升华出来的对于事物的本真的洞见，是对知识融会贯通后形成的见识。从本质上看，智慧与知识的不同在于“知识是一种从生活中分离、结晶出来的东西，是已然生成的东西，而智慧则是一种活生生的、永不封闭、永不僵化的精神状态，这种精神状态是向一切可能性敞开着的”。

（一）智慧与知识的联系

在古汉语中，“知”与“智”通，《释名·释言语》：“智，知也，无所不知也。”西方的“智慧”概念也有“一切知识”的意思。中国古代哲学中，智也是从知发展而来的，在甲骨文和青铜器铭文中，智被写成由“矢”和“口”构成的“知”，象征着一个人像飞矢一样快速地获取知识。“知”在中国虽也有纯粹知识的意思，但更多的是指智慧，“知”或“智”都有指一个人有知识而且有智慧的意思。它不是仅指人“聪明”，而是与人的整个生活方式和生活态度有关，带有明显的伦理性。因为中国之“知”，力图化解各种人生困惑而使人知天乐命，为人类提供一种征服自然的力量，这就使自然之知与人事之智完全合一了。

儒家传统里有“知之为知之，不知为不知，是知也”的观点，这才是真正的智慧，陆象山曾说过：“吾虽大字不识一个，也可以堂堂正正做人。”这至少说明了人格的培养不能全靠知识的积累来完成。知识是对各种事物的认识和理解，它可以考证，可以传授，可以通过学习来积累，而智慧却不能。学贯中西、文通古今的人未必是智者，智慧不是知识多、心眼多，智慧要有远见、有眼光，要求对事物和人生有整体性把握，要有长期和全面的观点，能够举一反三、融会贯通、有所创新。可见，智慧离不开知识，但又不等于知识。

知识是一种对外部世界的认知，是关于整个外部客观世界的认识成果。知识只是告诉我们事物是什么样的，而智慧则是一种涉及人生主体实践的、体验的、醒悟的态度，会指导我们应当如何去做。智慧不仅涉及认识，而且离不开实践，只有把知识正确运用到实践中去才能产生智慧。人类对外部世界的纯粹认知的思考探讨，其目的仍然是为了人类的实践。知是为了行，是为了实现人生目的。怀特海曾经说过："空泛无益的知识是微不足道的，实际上是有害的。知识的重要意义在于它的应用，在于人们对它的积极的掌握，即存在于智慧之中。"

从知识与智慧的表现形式和评价标准上看，知识具有普遍性、规律性、真理性的特点，而智慧则具有普遍与特殊相结合、规律与变异相统一的特点。现代知识论认为，真理就是具有某种普遍性且可重复、有规律的东西，而智慧虽然不排除这种普遍性的知识，但却是普遍性与特殊性的统一。比如，按儒家伦理普遍要求是"男女授受不亲"，但当"嫂溺"时则要根据这种特殊情景施之于权而"援之以手"，这种"经"与"权"的统一就是一种智慧。如果在这一具体实践场合，还一味地顽固坚持"男女授受不亲"，置嫂子生命于不顾，那不仅不是智慧，而且是愚昧或没有人性了。能够在各种特殊的情况下作出正确的是非判断和行动决断才是智慧。那种一味唯书、只会按条条框框办事的人不是智慧之人，而是书呆子和教条主义者。

知识只能告诉我们真假，智慧却能告诉我们善恶对错。智慧本身就是一种德性，体现出一种对生活的根本性洞见和澄澈无比的精神状态，因而是一种道德认识和道德实践的能力。孟子将"智"定义为"是非之心"，董仲舒认为"仁而不知（智），则爱而不别也"，他们都把智慧看作是判断善恶是非的能力。智慧是正确行为的指导，不是一般的聪明才智，而是一种整体的实践能力。智慧就是得道，得生活实践之道。作为一种实践的智慧，更需要身体力行。不能付诸实践，不能见诸行动的智慧其实还是知识，至少无法从根本上有别于知识。对于人类的生活实践来说，是非判断往往不难得出，难的是按照正确的是非判断的结论来行动。

承认知识与智慧的联系，要求我们在增强自己的智慧过程中，要重视知识的学习与积累。但同时要看到，智慧是知识与能力的统一，是认识与实践的统一，是普遍性与特殊性的统一，是能力与德性的统一。因此，要形成智慧不仅要学习知识，而且要勇于实践，即不仅要"学"，而且要"习"，将知识在实践中正确地运用；不仅加强知识的学习，而且要加强道德修养和人生的觉解。

（二）知识与智慧的区别

智慧与知识是有区别的。知识可能成为智慧的养料，掌握知识的多少和智慧没有直接的关系。众所周知，不少文盲都很有智慧。譬如，世界各地没有发明文字的原住民就是靠他们长老口传心授，把长期凝聚的智慧一代代传承下来的。

有知识不等于有智慧，一个人可能学富五车，但他不一定是智慧之人，因为他完全可能千万次地重复人家的思想，自己却不善于思考，不去探究，更不会发明创造。相反，像苏格拉底那样，逢人便说他只知道自己一无所知的，倒可能最有智慧，因为他自认无知，所以总想与人理论，总在探究真理。知识关注的是现成的答案、现成的公式、现成的历史事件的归纳，而智慧关注的是未知的世界，这就是知识与智慧的区别。

掌握很多实用技能也不等于智慧，一个人学会驾车，学会用电脑，但他却不一定富有智慧，因为他很可能是被迫去做的，内心对这些行当毫无兴趣，更谈不上从中悟出智慧。真正的智慧之人，都会对自己所从事的活动深感兴趣，他不是被迫去做，而是自愿去做，只要感兴趣，即使没有什么实际好处，也仍然乐此不疲，因为他从做的过程中体验到生活的愉快、人生的乐趣。还有什么比品尝生活的愉快和乐趣更接近智慧呢？此外，他也可能有十八般武艺，谋生之道样样精通，但却思想贫乏、内心空虚、没有信仰，没有对真善美的渴望，你能说这是有智慧的人吗？

知识只是为了达到真正认识的出发点，而智慧是在知识的基础之上，通过经验、阅历、见识的累积，而形成的对事物的深刻认识、远见，体现为一种卓越的判断力。关于知识与智慧的关系，一种简单的理解是：有知识不一定有智慧，但有智慧一定有知识，知识必须转化为智慧，才能显示其真正的价值！知识是死的，智慧是活的。能够灵活运用知识的人便拥有了智慧，拥有智慧却不懂得坚持学习新知识的人便成了只有小聪明的人。智慧和知识就好像搞设计的人们常说的创意和技能，有技能没创意做不出好的设计，有创意没技能，也就是俗话说的“眼高手低”，同样是一种悲哀。

有知识却没有智慧去运用，相当于没有。智慧并不是天生聪颖，有的时候智慧是建立在知识的基础上的，知道的多了，自然就成了人们眼中有智慧的人。

知识必须转化为智慧，才能显示出它的价值。也只有在智慧的引导下，才可能有真正意义上的心智活动。知识若不转化为智慧，知识越多越会成为身心发展的沉重负担。知识要转化为智慧，一是要经过实践。“世事洞明皆学问，人情练达即文章。”真正管用的东西，往往来自实践。二是要有知识的积累，“读书破万卷”是知识的积累，“下笔如有神”是知识向智慧的飞跃。佛教讲顿悟、渐修，朱熹讲“今日格一物，明日又格一物”，然后才有“豁然贯通”，这都是在说智慧的获得要有一定的知识积累。离开了具体的知识，智慧就会变成神秘、枯燥的东西，最终成为空洞无物的概念游戏。

四、哲学与智慧

哲学，按照词源有“热爱智慧”的意思。在学术界里，对于哲学一词并无普遍接受的定义，也预见不到有达成一致定义的可能。早期，哲学衍生出科学。后来，哲学成为与科学并行的学科。

哲学是智慧，但智慧并不仅仅指哲学。原因在于，智慧具有多样性和多层次性。比如，从层次来看，有高级智慧和低级智慧；从性质上讲，有“形下智慧”和“形上智慧”；从表现方式而言，有常识的智慧、艺术的智慧、宗教的智慧、伦理的智慧、科学的智慧和哲学的智慧，等等。

哲学是智慧之学，“转识成智”是哲学的一个重要命题。

哲学本身并不提供具体的知识，它是把知识转化为智慧的桥梁，当代著名的中国哲学家冯友兰老先生就说：“哲学，尤其是形上学，若是试图给予实际的信息，就会变成废话。”言下之意是哲学只提供一种方法，一种由复杂的现象深入到简单的本质的方法，提供一种圆融的不落两边的立场。

五、智慧的层次

智慧在常识的、科学的和哲学的三个不同层次的概念框架中具有不同的性质和含义。换句话说，存在着三种不同的“智慧”，即常识的智慧、科学的智慧和哲学的智慧。

（一）常识的智慧

常识的智慧是在日常行为中所表现出的“聪明”“精明”和应对具体事物时所具有的“智谋”“见识”。比如，在日常生活中，如果一个人遇事反应迅速、机敏，考虑问题细致、周到，足智多谋（如诸葛亮“运筹帷幄，决胜千里”的谋略）、办事精明，或有精湛、娴熟的技艺（如庖丁解牛时的游刃有余），那么，他就是富有智慧的人。但是，这种“智慧”具有某种形而下的品质，它是一种求“器”的意识。换句话说，它是一种经验的、技术的、常人的智慧，受个人生存意志的驱迫，是应对日常生活中产生的新问题、新情况的一种能力。美国的斯顿伯格说：“有一个为许多专家所接受的智慧观点是：智慧是对生活中新问题、新情境的一种适应能力。”这种智慧可理解为常识的智慧。常识的智慧是为个人的生存做谋划的，因此可以把它叫作“小智”或“小聪明”。有小智者的智慧仅仅是有利于一个人、一个家庭或一个小集团的，它甚至会促使人为了达到个人的目的而采取不正当的手段，所以老子说：“智慧出，有大伪。”可见，老子在这里说的“智慧”正是“求器”的常识的智慧。

（二）科学的智慧

科学的智慧是在某一领域表现出来的创新思维和辨析、预见能力。美国斯坦福大学的推孟教授认为，“智慧就是指抽象思维能力”；也有人认为，“智慧是多种智力（观察力、记忆力、思维力、想象力、判断力）的总和”，“智慧就是智力测验测得的东西”；还有人把智慧定义为：“是指具有产生新思想的思维能力。”凡此种种，都可以说是科学意义上的智慧。

这种智慧，由于它是对某一领域、某一方面事物的本真的洞见和发展趋势的预见，还未超离“求器”的范围，因而，其性质仍然是一种“形下智慧”。比如《孙子兵法》中的军事智慧，爱因斯坦的科学智慧就是这种智慧的典型表现。

（三）哲学的智慧

哲学的智慧是“以道观之”的智慧。具体来说，它就是对“道”的体悟，是一种通彻事理、了悟世情、洞达人生的精神境界。它具有如下几个方面的特性。

1. 哲学智慧是一种“大智慧”

哲学智慧是对世界与人生的博大与圆融的理解，它所追问的是作为整体的存在，而不是对具体事物及其演变过程的说明；它指向无限的超验领域，是一种“形上智慧”，而不是对有限的“形下之器”的关注。简言之，哲学智慧之所以是大智慧，就在于它是对“天道”和“人道”以及人类社会发展之“道”的透彻领悟。这样的智慧，就是庄子所说的“判天地之美，析万物之理”，也如司马迁所言的“究天人之际，通古今之变”，更是张载所确立的“为天地立心，为生民立命”的使命意识。按照西方哲学的看法，这种智慧，是“专门研究‘有’本身”的，是关于“存在之为存在”的学说，是对“在”的“思”和“谛听存在的消息”。

2. 哲学智慧是一种精神境界

哲学智慧首先是一种“高、深、远、广”的认识能力和卓越的“见识”，但更为根本的，它是一种精神境界，就是指人的精神状态和心灵所达到的一种境地，或者叫“心态”“心境”。精神境界不同，人生态度就不同。而精神境界的高低，取决于人们对人的本质、地位（即“人生在世”的问题）和人的价值、人生意义（即“人活一世”的问题）的“觉解”，取决于主体对“存在世界”（存在本体）和“意义世界”（价值本体）的理解和追求。觉解越透彻，理解越深刻；追求越高远，则精神境界就越高。然而，“人生在世”和“人活一世”、“存在世界”和“意义世界”，诸如此类问题，恰恰是哲学智慧的独有的“地盘”和“世袭领地”。因为，哲学智慧的本然旨趣就是“认识你自己”（苏格拉底语）。

中国古代的老子明确指出：“知人者智”。所谓“知人”，就是认识“人是什么”（包括对人的本质的理解和确定人在世界中的位置）。人只有认识了自己，明白了“人之为人”的依凭，才能度过一个合乎人的“本性”的有意义的人生，才能具有高尚的人格和高远的精神境界。正是在这个意义上，冯友兰说：“学哲学的目的，是使人作为人能够成为人而不是成为某种人。”哲学智慧是一种人类的生存智慧。哲学作为人类关于自身存在的自我意识的理论，它必然要面向人自身存在的本身。哲学智慧作为对一般智慧的超越，表现在它关系到人类生存和个人生存的问题，为人类生存和个人生存提供指针。对整个人类生存而言，哲学智慧规范并指导人们的价值取舍和人类努力的方向，关涉人类根本选择和文明根本走向，其目的在于推进社会的协调进步和文明的持续发展；对个体生存而言，哲学智慧是人“幸福的寓所”和“安身立命之本”。因为，哲学作为生存智慧是与人的幸福、正义等德性寻求密切相关的。“生存智慧是一种获得内心的幸福感和德性满足的方式，由此，生存智慧便为人类的内心塑造提供指引。”更为实质的是哲学智慧以其对“本体”（存在本体和价值本体）世界的追求，在理论上为个人的生存确立一个安身立命的根基，使个体生命的心灵得以“安顿”。唯其如此，个体才能够体验到幸福、欢乐、喜悦和人生的意义与价值。

总而言之，哲学智慧是对人类生存境遇的思考，对人类生活的挚爱和对人类命运的终极关怀。

3. 哲学智慧是一种“酸性”智慧

哲学智慧是一种“酸性”智慧。美国哲学家 L. J. 宾克莱在其大作《理想的冲突》一书中说道：“‘一些现代性的酸’已经使过去各种宗教式的笃信溶解了。”我们可以借用这种说法，把哲学智慧比作“酸性”智慧，意在表明哲学智慧是一种批判的反思的智慧，是对思想的“解冻”。“它要求把基本假设、概念系统和思维框架看作是成问题的，看成是无法冻结的动荡的海”，通过对既定的知识、现成的结论和流行的观念的怀疑和挑战，通过对思想前提的批判以及智慧本身的自我批评，从而防止人的思想的冻结和思维的凝固，并实现人类思想的自我发展和自我超越。如果没有这种酸性智慧，社会就会陷入僵化，信仰就会变成教条，想象就会变得呆滞，精神生活就会陷入贫瘠。

综上所述，智慧有许多种，而哲学智慧仅是其中之一，它与常识的智慧和科学智慧有着显著的不同，如果我们对三者不加以区分甚至混淆，就会导致对哲学的歪曲和误解，当代的“哲学常识化”和“哲学科学化”的倾向就是例证。当然，我们也应该看到，这三种智慧之间又有内在的相关性。哲学智慧是对常识的智慧和科学的智慧的反思和提升，并以理论的形态将这两种智慧扬弃地包含于自身之中，从而实现对它们的超越。同时，哲学智慧要借助于这两种智慧或者说通过对二者的“作用”来实现它的意义和价值。

六、小结

智慧是人生必须具备的能力，没有智慧的人生是一塌糊涂的人生。智慧不是天生的，是可以靠后天习得的；人不一定需要很聪明，但是必须要有智慧。聪明的人容易把事情复杂化以显示出自己的高智商，而真正智慧的人则会化繁为简，让事情变得简单明了；聪明的人善于炫耀，反而有时会显得愚蠢，智慧的人默默无闻，反而更容易一鸣惊人。

真正有智慧的人，必懂得韬光养晦、内敛含蓄、大智若愚。智慧乃先天的禀赋及后天的努力，两者相较，后天的努力更重要。因此，不要羡慕别人的聪明智慧，有因才有果，若不种因，徒羡其果也是枉然。要紧的是，自己要立志，才能活出有智慧的人生，才是成功在望的人。

第二节　智慧的习得

智慧的习得主要有两个途径。一是在工作和生活中历练，二是主动修炼。历练就是我们所说的经验，修炼就是学习和参悟。

一、学习知识，积累经验

新中国成立初期，某研究所拆开一台苏联生产的机器，所有工程师都傻眼了。里面近一百根管子，盘根错节，很难分清出口和入口，大家绞尽脑汁不得其解。这时，一个看门的老人一手拿个烟斗，一手拿根粉笔，随便找根管子把烟吐进去观察烟从哪个口出来，再做上标记，以此类推，很快理清了对应关系。在纷繁复杂的工作中，看门老人依靠经验理出了头绪。这个故事告诉我们，智慧是建立在经验和知识基础上的，没有经验和知识，智慧就成了空穴来风。如果说智慧是一座钢筋混凝土大桥，那么经验和知识就是建筑这座桥的钢筋和水泥。智慧是把知识和经验合理地组合，从而得出最佳的解决问题的方案，因此，获得智慧要先获取知识和积累经验。

（一）学习知识

知识本身也是经验，它是前人总结的经验，是前人智慧的结晶。因此，学习知识是获取智慧的重要途径，秀才不出门便知天下事靠的就是学习书本知识。

要想学到更多的知识，我们应当激发求知的欲望，提高个人的学习能力。

1. 激发求知的欲望

激发求知欲望的第一步是打倒“知识无用论”。有不少人认为学习没用、知识没用，这种消极的观点是抹杀求知欲望的罪魁祸首。

知识是有用的，没知识是可怕的。人们常说：“没文化真可怕”，知识匮乏也是个大问题，有时候会闹出笑话。给大家讲一个真实的故事，有一次，我去广西的北海看望一个做装修工程的朋友，朋友很热情地找了几个和他一起在工地工作的人陪我一起吃晚饭，席间一个人问我说：“刘幸福你是哪里人?”我回答：“辽宁人。”那人接着说了一句赞美的话，他说：“辽宁好啊，辽宁是山东的首都。”在这里说这个故事不是笑话那个人，其实我是很感激他的，因为他给我提供了一个讲课的案例，提供了一个劝导学生积极学习知识的案例。我当教师以来，每次第一次给新生上课时都拿这个案例劝导学生们要重视知识，没知识连和朋友一起吃饭说话都会出笑话，不学习知识怎么行？

2. 提高学习能力

激发潜能提高学习能力才能获得更多的智慧，学习能力是与生俱来的一种潜能，说学习是人的本能毫不为过。时代在前进，知识在更新，科学技术日新月异地发展，只有不断提高自己的学习能力，才能成为真正的智者。

（二）积累经验

处处留心皆学问，要想积累经验，最重要的是激发个人的好奇心。人们获得经验最快最多的时间是充满好奇心的孩提时代，回想一下自己的儿童生活，再观察一下身边的小孩子，你会发现他们充满了好奇心，什么都想看看，什么都想学学，什么都想试一试。一个人从刚出生时什么都不懂到掌握大量知识，这一过程中很多东西来自儿童自觉地学习，相当一部分内容不是大人刻意教给孩子的。

保持好奇心和求知的热情，处处留心，多看、多听、多做、多问、多记就能够积累大量的经验。

1. 多看

多看可以积累经验，但是要会看。俗话说：“内行看门道，外行看热闹。”见多识广的意思就是说看得多了知识面就广。人们在经济条件允许的情况下可以四处走走看看，也就是人所说的行万里路。我们应当保留自己儿时的好奇心，小孩子的好奇心很强，长大了好奇心减退，有人认为是因为很多事情都见过了，其实不然，大千世界没见识过的东西多了，长大了还是要多看。

2. 多听

“不听老人言，吃亏在眼前。”所以一定要听老人讲的故事。老人讲的东西都是他们积累的经验，所以要多听他们说话。多听其实没坏处，别人经常说的是他认为值得说的，是有意义的。多听典故和评书也是获取知识的路径，旧社会有很多人就是靠听评书学习知识的。

3. 多做

事情不亲身经历往往印象不深，所以要多做事，事情做多了经验就多了。多做其实就是要做一个勤快人，做多了会的就多了，经验就多了。做人不要怕吃苦，遇事不要说自己不会做，没做过不意味着不会做、不能做，不试一试怎么知道自己行不行？很多人把不会做当作推脱工作的借口，遇事这也不会那也不会，但你不做永远不会。遇到事情不可能永远有人帮你，迟早有一天会有一些事情需要你自己面对。能者多劳也是说多劳者能，谁也不是天生什么都会做的人，都是在做中学习和成长的。

4. 多问

“君子之学必好问，问与学，相辅而行者也。非学，无以致疑；非问，无以广识。”“问”常常是打开知识殿堂的金钥匙，是通向成功之门的铺路石。学问学问，要想有学问则不问不行，不懂就要问，问清楚了就懂了，懂了就积累到经验了。

5. 多记

多听、多看、多问最好要记住才行。问过、看过、听过、做过的最好能记住。单用大脑记可能记不住那么多，所以要养成记录的习惯，比如记工作日志、记生活日记、做知识记录等，随身带个小本子遇到什么值得记录的东西就记下来，当时来不及记录的，晚上回家再记下来也可以。

二、悟道

要达到智慧的境界，光有知识的积累还不行，还要有悟性。禅宗的六祖惠能，文化水平不高，但是悟性很高，听人讲《金刚经》就能悟道。哲学所追求的智慧不是既定的知识，不是现成的结论，不是实例的解释，不是枯燥的条文，而是追究生活信念、探寻经验常识、反思历史、探求真善美的标准，这就要求我们对现成的知识持怀疑态度，运用自己的大脑进行思考，进行自我反思和自我批判。由于知识有时又会蒙蔽人的智慧，所以一个追求智慧的人除了有爱智的激情以外，还要有清明的理性。光读书不思考的人往往容易为书本所束缚，为语言所遮蔽。而真正的智慧往往是对原创性问题的思考和认识。

智慧，道法也。知道事物运行的规律并运用规律就是智慧，因此智慧的习得需要领悟人生大道。智慧里面体现了人的灵性、人的尊严，所以智慧的最高境界是人生意义和价值的感悟，最终要通过一定的人格体现出来。当然，人也不可大彻大悟，大彻大悟即为空，空则无，无则无意义了。

三、多接触智慧的人

只有和高手下棋你的棋术才会有所提高，多与那些知识渊博、有大智慧的人接触也会使自己增长智慧。如有机会应尽量多与智者交流，当然拥有大智慧的人并不多，有的时候需要自己去寻找。古代高僧和贤士喜欢游历四方、遍访名师，这是提高个人智慧的有效途径。古代访师会友的优良传统至今已经被多数人遗忘了，现代发达的网络技术，给人们的交流带来了方便。

四、静坐

现代人为什么大多很浮躁呢？很重要的一个原因就是静不下心来，人们需要静下心来才会去思考。定能生慧是被佛教高度认同的，现代军队也认同静坐的作用，例如军队有一种处罚叫关禁闭，其实关禁闭就是让犯了错误的人静下来认真思考一下自己的行为。人静下来时头脑会更清醒，更容易参悟各种道理，因此，人们有的时候需要静下来。

现在人谈到打坐、静坐，往往想到的就是佛家和道家的修炼，其实古代儒家也讲究打坐。例如最早的儒家经典之一的《礼记·大学》篇开章说："知止而后有定，定而后能静。"《朱子语类》中记载南宋著名儒家人物朱熹更是强调说："始学工夫，须是静坐。"他不仅把静坐当成了儒家入门的基本功，而且还要求静坐时思想也要静下来，“静坐而不能遣思虑，便是静坐时不曾敬”。

禅定是高层次的静，据说释迦牟尼在菩提树下参悟“正等正觉”，佛陀终于夜睹明星而悟宇宙真谛，叹曰：一切众生本具如来智慧德相！

佛家说：“灵台清净，静能生慧，慧能生智。”道家也说：“静能生定，定能生慧。”《昭德新编》说：“水静极则形象明，心静极则慧生。”《延乎答问录》说：“盖心下热闹，如何看得道路出？须是静，方看得出。所谓静坐，只是打叠得心下无事，则道理始出。道理既出则心下愈明镜矣。”《素问·上古天真论》指出：“恬淡虚无，真气从之，精神内守，病安从来？”陶弘景说：“静者寿，躁者夭，静儿不能养，减寿；躁而能养，延年。”

佛陀把智慧分为三种——“闻慧、思慧、修慧”，最关键的是修慧，通过修习内观可以获得智慧。戒、定、慧，是佛陀留给众生的教诲，也是引向顿悟的一条捷径。要拒绝引诱，不再过分专注于外物，心才会达到静定，这就是戒的意义。心清净、意清净，智慧即会涌现。后来人们把“静能生慧”“宁静致远”合为一句，强调修身养性的必要性。静能生慧，宁静致远，静静地思考是一种激烈的思维过程，它内涵丰富多彩，足以让我们收获甚丰。保持良好的注意力，是大脑进行感知、记忆、思考等认识活动的基本条件。在我们的学习过程中，注意力是打开我们心灵的钥匙，而且是唯一的钥匙。而一旦注意力涣散了或无法集中，一切有用的知识信息就都无法进入了。正因为如此，法国生物学家乔治·居维叶说：“天才，首先是注意力。”

五、提高思想境界

思想境界的提高可以让一个人的素质和智慧也随之提升，当然，个人素质的提高和智慧的提升也会提高个人的思想境界。因此，人的思想境界、素养和智慧是成正相关的，即思想境界越高的人个人素养也会越高，也会更加有智慧，思想境界的提高有利于智慧的增加。不同境界的人看问题的高度不一样，就如站在不同的高度看到的事物不一样，处在不同的位置的人思考事情的角度不一样、对问题的看法不一样是一个道理。站得高自然是望得远，境界高了智慧增加也是自然而然的事情。

培养道德情操、提升精神境界、启迪人生智慧、训练思维能力是习得智慧的重要路径，不过思想境界的提高并不是一件很容易的事情。

六、小结

聪明可能是天生的，而智慧不是天生的，智慧要靠后天习得。智慧是大聪明，但聪明并不代表智慧。聪明的人会更容易习得智慧，不是很聪明的人也可以通过后天努力习得智慧，而不够聪明的人也可以习得大智慧。

世界上的知识对于个人短暂的生命来说几乎是无限的，用有限的生命去追求无限的知识，很显然我们不可能学到所有的知识。既然无法学到所有的知识，那么我们不妨提高个人的悟性，认出和找到原本属于你自己的内在智慧。

第三节 智慧人生

智慧的人，深知人性，所以方能宁静淡泊以处事、忠厚仁义以待人，智慧的人生是美好的人生。

一、合理安排时间

鲁迅说过：“时间就像海绵里的水，只要愿挤，总还是有的。”我一直认为这句话很有道理，后来有一天在网上看到了这样一种说法：“时间不是挤出来的，是安排出来的。”我认真地思考了一下，发现后一种说法似乎更科学一些。

从理论上讲，对整个宇宙来说时间是无始无终的，是永远有的，是无限多的，至少我们不知道时间什么时候终止。现今人类所能认知的宇宙，有两点是无法判断的，一是时间从何时开始，又在何时结束？二是空间有没有边际？有没有尽头？空间的尽头是什么？目前，人类对时间和空间的认识是：时间是无始无终的，空间是没有边际的。

人们根据春夏秋冬和日出日落等自然规律对时间进行了划分，并用年月日时来计量时间，对于浩瀚宇宙的漫长岁月而言，个人的时间则是有限的，从生到死是人停留在世间的时间。与宇宙相比人的一生何其短暂，智慧人生首要问题是如何安排这短暂的时间。据世界卫生组织在日内瓦发布的《2016 世界卫生统计》报告显示，2015 年全球人均寿命为 71. 4 岁，中国的人均寿命为 76. 1 岁。

人生规划是对一生时间的总体安排，是对一生的目标和方向的规划，没有方向的鸟是飞不远的，没有梦想的人是迷茫的。对时间的安排，关键是要弄清楚活着是为了什么和为什么而活着的问题。例如：有的人把毕生精力放在了宣扬某个思想上；有的人把一生奉献给了众生；有的人把毕生的精力放在了某项事业上；有的人把主要精力放在了吃喝玩乐上；有的人为了理想而活着，等等。

人如果有了自己的人生规划，那么就要按照自己的规划安排好自己的时间，坚定不移地走下去。如果还没有做好人生规划也无妨，认真过好每一天，认真做好每件事，合理安排好每一天的生活就是最好的人生规划。

任何人的时间都一样多，每个人的一天都是 24 小时，这是固定不变的，所谓的有没有时间是相对的，对于是否有时间做某件事情全凭个人的安排。例如：有两个朋友同时邀请你周末共进晚餐，如果你决定去和朋友甲一起吃晚饭，那么你就没时间和朋友乙共进晚餐；反之你决定和朋友乙一起吃，那么就没时间和朋友甲共进晚餐。当然你也可以决定周末在家和家人一吃饭，那么你就没时间去和朋友吃饭了。

时间虽然是固定不变的，但是对于做事的多少来说，时间也可以挤出来。当然，所谓挤时间也是相对的，是事与事之间在时间上的调配和相互挤占。例如：按照安排，每天中午吃饭 30 分钟，休息 1 小时，如果你很忙可以只休息 30 分钟，这样就挤出了 30 分钟的时间；如果你非常忙，中午也可以不休息，这就为工作挤出了时间，是工作时间挤占了休息时间。还有很多人早上坐公交车时，在车上吃早餐这也是在挤时间。挤时间可以看作是合理紧凑的安排时间，时间安排得越好，时间的利用率就越高。

另外，一个人的工作效率越高，则时间越充足，例如甲做某件事需要1小时，而乙做同样的事情只需要50分钟，那么乙的时间就比甲充足。

（一）时间的划分

时间可以花费在不同的事情上，按照不同的事情对时间进行划分可以分为工作和学习时间、休闲时间、家庭时间、个人时间、思考时间等。

1. 工作和学习时间

用在工作和学习上的时间称为工作和学习时间。从幼儿园开始到大学毕业，人们大部分时间是在学习，参加工作到退休这段时间人们大部分时间在工作。工作时间并不是一直在工作，工作过程中每个人都必须抽出一部分时间来学习新知识或者熟悉新事物。学习和工作的时间占据了人生大部分的时间，是比较重要的时间。

2. 休闲时间

人除了工作、学习之外，还需要休闲，休闲时间包括休息、睡眠及体育活动。我们要养成良好的睡眠、休闲以及运动习惯，才能把身体状况调整到最佳状态。

3. 家庭时间

家庭是人们休息的最佳场所，在家里待着的时间人们称之为家庭时间。

4. 个人时间

个人时间是用来修身养性、充实自我的，是完全属于个人独自享受的时间。每个人不论是求学还是工作，甚至在家中，都有不允许被侵犯的个人时间，利用这些时间人们可以充实自己。

5. 思考时间

人总会有坐在那里发呆的时候，那可能是在思考问题，这个时间称为思考问题的时间。思考时间可以用来计划自己未来的发展，也可用来反省以前自己所做的事情是否正确，是不是值得，等等。我们可以思考如何改进，如何调整，如何让自己变得更好，当然，也可以天马行空地去胡思乱想。

按照时间的运用划分，可以把时间分为大块时间、零碎时间、固定时间、弹性时间、交通时间。

（1）大块时间

一个人的大多数时间都在谋生，你每天都要用一大部分的时间来完成当天重要的事情，如工作、学习和休息等。一般人每天工作 7 ~ 8 小时，睡眠 7 ~ 8 小时，这些占据了人生的大块时间。

（2）零碎时间

除了工作、学习、休息之外，还有一些零碎的时间，比如人们常说的八小时之外和茶余饭后的时间。零碎的时间看起来好像不太重要，但是这些时间如果能够把它积少成多，把那些小块时间充分利用起来，以很少的时间来做一些小事，坚持下来，也是非常可观的。

（3）固定时间

在正常情况下，白天是工作、学习等活动时间，晚上是睡觉时间，这些时间是基本固定的。比如上班下班时间一般是固定的，上学和放学时间是固定的，吃饭睡觉时间是固定的。

（4）弹性时间

每一项工作都需要时间，最好是留有弹性，即预估的时间应该稍微宽裕些。可以在两三项工作之后，安排一个弹性时间，来弥补以前还没有做完的事情，或者说是留作被干扰以后的调节时间。弹性时间不能够太长，10 ~ 20 分钟是比较适当的。

（5）交通时间

一般人对交通时间都充满了抱怨，特别是居住在大城市里的人。所以要工作有效率，就要学习如何去缩短或利用你的交通时间，例如早点出门，晚点回家，选择走哪条路线，坐车的时候你还可以思考一些问题，可以听听音乐、看看书，充实自己。

（二）时间管理理论

1. 第一代时间管理理论

第一代时间管理理论基本是备忘录型。一方面顺其自然，另一方面也会追踪时间的安排。备忘录管理的特色就是写纸条，这种备忘录可以随身携带，忘了就把它拿出来翻一下。今天完成了的事情，就可以在备忘录上划掉，否则就要增列到明天的备忘录上。这就是第一代时间管理，叫作备忘录的时间管理。

这种时间管理的优点：一是重要的事情变化时的应变力很强，是顺应事实的。二是没有压力，或者压力比较小。备忘录管理便于追踪那些待办事项。但备忘录管理没有严整组织架构，比较随意，所以往往会漏掉一些事情，同时还忽略了整体性的组织规划，这是第一代时间管理的缺点。

2. 第二代时间管理理论

第二代时间管理理论强调的是“规划与准备”，特色是记事簿，特点是制作时间表，用时间表记录应该做的事情、写好应该完成的期限、注明开会的日期，等等。

这种管理模式优点是可以追踪应该做的事情，通过制定目标和规划使达成率比较高。缺点是容易产生凡事都要安排的习惯，找不到思考的空间。

3. 第三代时间管理理论

第三代时间管理理论主旨是“规划，制定优先顺序”。这一代的管理强调的是价值，制订中、长或短期的目标以实现一种价值，因此它的特色就是将每天的安排写在纸上或者输入计算机，详细地制作各式各样的规划表或者组织表。它主要是为了提高工作效率。

第三代时间管理的优点是比较强调价值观，以价值为依据，或者以价值为导向的一种生活工作的方式。它能够发挥长期、中期或者短期目标的效果，也能通过每天的规划，安排优先的顺序，提高效率。

第三代时间管理的缺点表现在忽略了自然法则、缺乏远见上。因为它是以价值为导向，你要得到这些东西，你认为这是你生命中最重要的，所以在安排上往往会有些疏漏，其实以价值为导向的安排未必是自然法则。

4. 第四代时间管理

第四代时间管理理论强调了一切以自然法则为中心的罗盘理论。这种管理法则超越传统上追求更快、更好、更具有效率的观念，它不是换一个时钟，而是提供一个罗盘，因为人走得多快是一回事，方向对才是最重要的。走起来，不是求快，而是怎么向目标接近。

这种管理理论强调的是每一天的行动、每一个时段的行动，都要与目标很接近，所以它强调的是一种方向，也叫作正北理论。

（三）做时间的主人

1. 设定目标，规划人生

设定目标，规划人生，一步一个脚印地走完自己的人生之路。这样当你老的那天，回首往事才会感觉没有虚度此生。我们通常把三年或五年作为一个时间段，回顾过去的三年或五年你都做了哪些事情，展望未来的三年或五年你想做哪些事情。如果回想过去的三五年感觉自己似乎什么也没做，生活和工作都没什么变化，对未来的三五年也没什么想法和计划，那你肯定没有目标和规划。

所谓人生目标就是一个人终生所向往的、固定的追求。

目标是十分重要的，目标能激发我们的潜能，调动我们超越自我的力量，让我们看清自己的使命，让我们关心自己的工作成果。

一百个人中有两个人清楚自己的一生要的是什么，并且有可行的计划，他们大多都是各行业的领导者。世上没有懒惰的人，只有缺乏目标的人，如果缺乏目标就会懒惰。一个人无论年龄有多大，他真正的人生是从设定目标开始的，以前只不过是在绕圈子而已。

如何制订人生目标？

（1）明确自己的价值

价值取向是存在差异的，不同的价值取向往往会产生不同的行为准则。

(2) 明确自己的人生角色与目标

每一个角色意味着一份义不容辞的责任，角色不同，责任不同。

因此，我们要确定自己最重要的角色，以及这些角色应该履行的责任和义务，并以此明确我们的发展方向和奋斗目标。

人生的规划也是一种设计，是为了人生目标服务的。人生的目标时而变动，人生的规划也要变动，也要不断调整。一般分为近期、中期、长期、远期计划。

人生的规划要与时代的步伐相结合，不能闭门造车。离开了现实条件，再完美的计划都是没有任何意义的；不关注现实，就不能更有效地利用现实条件和各种新的政策来实现自己的目标。

制订人生规划时，我们应确定自己的人生观、价值观、世界观，充分了解自己、分析自己，确定自己的性格特质与天赋。

2. 管理好每天的时间

时间对每个人都是平等的，每个人都有相同的时间，但时间对于每个人的价值却不同。

(1) 制定作息时间表

好的作息时间能起到劳逸结合的作用，并能帮助人有效利用时间。

中医认为，“子午觉”为养生妙道，在这两个时间段睡觉对人身体很有好处。午时是人体经气“合阳”的时候，有利于养阳。午觉只需在午时(11 时至 13 时)休息 30 分钟即可。子时则是人体经气“合阴”的时候，有利于养阴，晚上 11 点以前入睡，效果最好，可以起到事半功倍的作用。

(2) 制定工作表

工作繁多无序是很多人头疼的问题，有了工作计划表，就能够有条不紊地工作。

(3) 合理安排业余时间

业余时间很重要，有人说一个人能否成功主要看他怎么安排他的业余时间。

(4) 要张弛有度

时间安排要有节奏，不浪费光阴，也不亏待自己。

(5) 给自己留些私人时间

二、生活智慧

(一) 家庭美满的智慧

1. 家庭和睦

家庭和睦是家庭美满的首要条件。家庭是社会基本单元，是一个组织。家庭这个组织要想和睦，重要的一点就是长幼尊卑有序。做到长幼尊卑有序就必须父慈子孝、兄友弟恭、夫和妇柔。“父之所贵者，慈也。子之所贵者，孝也。兄之所贵者，友也。弟之所贵者，恭也。夫之所贵者，和也。妇之所贵者，柔也。”

和睦之道，勿以言语之失、礼节之失，心生芥蒂。如有不是，何妨面责，慎勿藏之于心，以积怨恨。天下甚大，天下人甚多，富似我者，贫似我者，弱似我者，千千万万。尚然弱者不可妒忌强者，强者不可欺凌弱者，何况自己骨肉。有贫弱者，当生怜念，扶助安生；有福强者，当生欢喜心，吾家幸有此人撑持门户。譬如一人左眼生翳，右眼光明，右眼岂欺左眼，以皮屑投其中乎？又如一人右手便利，左手风痹，左手岂妒忌右手，愿其同瘫痪乎？（王夫之《姜斋文集》）

2. 子女要严加教诲

为人母者，不患不慈，患于知爱而不知教也。古人有言曰：“慈母败子。”爱而不教，使沦于不肖，陷于大恶，入于刑辟，归于乱亡，非他人败也，母败之也。自古及今，若是者多矣，不可悉数。（司马光《家范》）

积金千两，不如明解经书。养子不教如养驴，养女不教如养猪。有田不耕仓廪虚，有书不读子孙愚。仓廪虚兮岁月乏，子孙愚兮礼义疏。（周希陶《增广贤文》）

教子有五：导其性，广其志，养其才，鼓其气，攻其病，废一不可。

养子弟如养芝兰：既积学以培植之，又积善以滋润之。（刘清之《戒子通录》）

3. **要勤俭持家**

黎明即起，洒扫庭除，要内外整洁，既昏便息，关锁门户，必亲自检点。一粥一饭，当思来之不易；半丝半缕，恒念物力维艰。宜未雨而绸缪，毋临渴而掘井。自奉必须俭约，宴客切勿流连。（朱柏庐《朱子家训》）

由俭入奢易，由奢入俭难。饮食衣服，若思得之艰难，不敢轻易费用；酒肉一餐，可办粗饭几日；纱绢一匹，可办粗衣几件；不馋不寒足矣，何必图好吃好着？常将有日思无日，莫等无时思有时，则子子孙孙常享温饱矣。（周怡《勉谕儿辈》）

4. **夫妻相处的智慧**

夫妻之间要相互信任和相互包容才能够使夫妻生活美满，相处时要相互理解，怀着一颗感恩的心。夫妻之间过日子，锅碗瓢盆的日常琐事必须要处理好，很多夫妻家庭不和就是由于鸡毛蒜皮的小事造成的，因此家务谁干的事情要处理好，做家务的事在第一章“勤”中已经提过，夫妻两人都要勤快，不能懒惰。

婚姻是人生的大事，然而在现代社会中，人们对婚姻的态度和行为导致了很多的社会问题，如家庭暴力、冷暴力、婚外恋、未婚同居等，直接造成社会道德的败坏和夫妻感情的破裂。造成人们对婚姻态度变化的原因有很多，主要是过分地强调自我、强调爱情而放纵欲望。人们要想解决这一系列社会问题，需要从根本入手。

我们可从传统文化的智慧中了解古人是如何正确对待婚姻关系的。

古人认为婚姻由缘分注定。“百年修得同船渡，千年修得共枕眠”说的就是夫妻之间的缘分。茫茫人海中，原本不认识的两个人能走在一起，那是莫大的缘分。

爱情，最简洁的诠释是“男女相爱的感情”。其实“爱情”一词是近代的一个概念或提法。现在强调所谓的个性，处处“我”字当头，我要爱别人，别人要爱我，就出现了“爱情”。

在古代，完善的礼法和较高的道德伦理约束着男女之间的感情，人们认为“爱情”必须要建立在婚姻的基础上，这样才是有序、稳固、合情合理的，也是被整个社会所认可、推崇的。婚姻基础以外的一切“爱情”，都是不被允许，是非礼的。

婚姻乃人生大事，并非儿戏，自周朝时期制定的“六礼”（纳采、问名、纳吉、纳征、请期、亲迎），几千年来成为人们结婚时遵行的法则。古人敬神畏天、重孝道，所以结婚时要拜天地，让天地承认；要拜父母，让父母承认。

所以说，古人对待婚姻的态度是恩义在先，缘分在先，礼在先，情欲放在最后。

下面举两个小故事，让我们从点滴中体会古人对待婚姻的基本态度：

一是晏婴忠于老妻的故事。

春秋战国时期的齐国，有一位著名的贤相，他就是大名鼎鼎的晏婴。齐景公有一位女儿，景公很喜爱她，看到晏婴有才能，想把女儿嫁给他，为此齐景公特地拜访晏婴，君臣开怀畅饮。席间，晏婴的妻子也不时忙碌地招待客人，景公看到她，就问晏婴：“那位就是你的妻子吗?”晏婴不知底里，就如实回答说：“是的，她就是我的妻子。”景公听了叹了口气说：“唉，怎么又老又丑啊！我有一个女儿，年少且貌美，请允许我把她嫁过来做您的妻室怎么样?”听了这话，晏婴放下筷子，起身立刻离开自己的席位，恭敬庄重地回答景公说：“我妻子是年纪大了，人也不漂亮，但我已经和她生活很长时间了。女人年轻时嫁给你，就将自己的一生托付给你了。我妻子在年轻时把终身托付给我，不在乎我身贵身贱、个高个矮，而我也接受了她。现在大王要把女儿嫁给我，这是何等荣幸，但是作为一个男人，立天地之间，我已经接受了妻子的托付，又怎么能背弃她的托身之情而接纳别人呢?”晏婴身居高位，而不背弃年老貌丑的妻子，他为人之道和高尚品德为人们所敬仰。

二是郤缺夫妻相敬如宾的故事。

春秋时晋国上大夫郤缺夫妻相敬如宾为人称道，山西河津的清涧“如宾乡”即源于此。

郤缺，春秋时晋国冀人，家在今清涧村。晋献公时，郤缺与其父郤芮均在朝为官，后因父亲的事受株连，被贬为庶民。郤缺回到家乡，布衣淡饭，躬耕南亩，与邻舍和睦相处。

晋文公派大臣胥臣出使秦国，路过冀，见郤缺在田里锄草，妻子为他送饭，非常有礼貌地把饭捧给郤缺，郤缺也像对客人一样与妻子互相礼让。胥臣很受感动，回国后对重耳说：“臣过冀见郤缺与妻子相敬如宾。臣以为，互相尊敬是德的具体表现。有德的人就可以治理国家。请把郤缺召回来重用。”

晋文公采纳了他的意见，封郤缺为下军大夫。晋襄公元年，晋狄战争中，郤缺身先士卒，俘获白狄首领，因功被襄公晋升为卿，并把冀赐予他作为领地。后人把郤缺锄田的地方称作“聚德田”并在此建亭，把以前冀地一带称为“如宾乡”。

以上这两个小故事都体现了古人对待婚姻的态度。

（二）与人相处的智慧

1. 亲君子远小人

“君子和而不同，小人同而不和。”“君子之交淡如水，小人之交甘若醴。”是故，我们应当亲君子而远小人。孔子曰：“益者三友，损者三友。友直，友谅，友多闻，益矣。友便辟，友善柔，友便佞，损矣。”孔子这两句话的大体意思是说：有三种朋友是有益的朋友，还有三种朋友是有害的朋友。与正直的人交朋友，与诚信的人交朋友，与知识广博的人交朋友，是有益的。与谄媚逢迎的人交朋友，与表面奉承而背后诽谤的人交朋友，与花言巧语的人交朋友，是有害的。

2. 宽厚待人

“近恕笃行，所以接人。”宽恕容人，忠厚诚恳，既是一种高尚的品德，也是中华民族的传统美德。从伦理根源上讲，宽恕是孔孟仁学的具体运用；从现实意义上看，只有忠恕待人，方可与各种各样的人和睦共处。

（三）幸福的智慧

俗话说，知足常乐，幸福和人的心态有关。

幸福，是指一个人的需求得到满足而产生的喜悦，并希望一直保持现状的心理情绪，并不与快乐、快感画等号。

一个人要想获得幸福，就要把自己变成容易满足的人。一个人之所以痛苦，是因为想要的东西太多而又得不到那么多，所以痛苦烦恼就多；如果你要的东西少，自然就容易幸福了。佛教主张随缘，儒家主张素位，这些都是劝导人们不要一味地追求完美，只有随遇而安才会使人快乐和幸福。

绝嗜禁欲，所以除累。庄子曾说过：“嗜欲深者，天机浅。”嗜欲深的人，就容易失去灵性与智慧，成功的机会就小。这里讲“绝嗜禁欲”是希望有志之士要控制自己的欲望，不要使其泛滥，而不是提倡“存天理，灭人欲”。

热不必除，而热恼须除；穷不可遣，而穷愁要遣。

“人到无求品自高”，一个人的思想，一旦升华到追求崇高理想上去，就能够放宽心胸，不为物累，就能够随时随地去享受人生，达到苦亦乐、穷亦乐、困亦乐、危亦乐的境界。真正有修养、高品位的人，他们活得快乐，但所乐也并非那种贫苦生活，而是一种不受物役的“知天”“乐天”的精神境界。

三、工作智慧

（一）取得业绩的智慧

要想取得工作业绩，就要多做事，多干活没坏处，多劳多得。多劳者多受益，也许多干了不一定多赚钱但是一定会多受益，比如增加了经验等。

1. 自己做

无论是在企业打工还是自己做生意，必须要多做。如果自己能做就自己动手，丰衣足食，遇到工作要争先恐后地去做，多做事机会就多。上级领导安排的工作千万别说不，哪怕你干不来，也要努力去做，想尽办法把工作任务完成了，即使到最后真的没能完成任务，把遇到的实际困难和上级领导说清楚，领导一般会理解你的。

2. 跟着能人做

有些事情你真的没能力去做，但是有人能做。你跟着他去做，同样可以取得成绩。例如跟着马云一起创业的人现在都成了亿万富翁了。

3. 借助大众的智慧

大智慧往往在民间和基层，要想成功就离不开大众的支持。大众的智慧是淳朴而实用的智慧，要学会借助大众的智慧来更好地完成自己的工作。

（二）与同事相处的智慧

尊重上级是一种天职，尊重同事是一种本分，尊重下级是一种美德，尊重客户是一种常识，尊重所有人是一种教养。

1. 与上级相处

工作中，尊重上级很重要，我们经常会听到人们在取得成绩后会说感谢领导的支持，特别是在发表获奖感言时，很多人都会说感谢领导。你说他们说的是真心话吗？外人可能觉得是虚伪的，不是真心话，是奉承领导，其实不然，有很多人在说感谢领导时是发自内心的。在单位里，一个人要取得成绩真的离不开领导的支持，要先有机会你才会取得成绩，即使你能力很强，如果领导不重用你，你有再大的本事却没地方施展才华，何谈取得成绩？

2. 与平级相处

同事之间相处的智慧关键是要解决竞争与友谊的矛盾。融洽的人际关系是成功的良好基础，如何让自己广受欢迎是一种生存智慧。与身份相等的人相处靠的是义气，讲义气的人朋友多。与同事和朋友相处不能太小气，也不能把钱看得太重，牛根生说：“财散人聚，财聚人散。”“散”的甜头，“散”完之后才知道。人们不敢散财，是因为害怕散出之后就再也回不来了。其实，“大有”和“大无”是相通的。

3. **与下级相处**

与下级相处贵在包容，对待下级要像父母对待子女那般包容。从某种意义上讲，下级是在为你工作，下级取得成绩也是你的荣耀，反之下级犯错误也有你的责任。严于律己，宽以待人，待人宽而责己严这是与下级相处的至高境界。

（三）快乐工作的智慧

工作是快乐的，我们要感恩自己的工作，工作给了你施展才华的机会，给了你养家糊口的本钱，一定要珍惜自己的工作。

工作像一面镜子，你对它笑，它就对你笑，你对它哭，它就对你哭。人的情绪好恶受个人的意念左右，对于同一件事和同样的工作，有的人感觉快乐，有的人却感觉痛苦。我们要锻炼自己，用积极的态度看待事物和工作，不要把工作当作负担，要在工作中寻找快乐和幸福。

四、朴鲁

中国人相信“巧者不坚，拙者永固”，古谚有“世间好物不坚牢，彩云易散琉璃脆”的说法。《菜根谭》中也有这样一句话：“涉世浅，点染亦浅；历世深，机械亦深。故君子与其练达，不若朴鲁；与其曲谨，不若疏狂。”可见古人一直倡导“不弄技巧，以拙为进”。

（一）成功无捷径

成功没有捷径唯有脚踏实地地工作才能到达成功的彼岸。许多人急功近利，以至于他们愿意选择眼前能够想到的任何一条捷径。但事实上，捷径通往的常常是失败而不是成功。取得长期成功的关键在于按部就班地走完通向成功的每一步，而不是想方设法地投机取巧。无论你的目标是拥有丰厚的资产、健康的体格还是良好的人际关系，这都是不容置疑的真理。

我们经常能看到许多人被“迅速致富”或“快速减肥”之类的宣传吸引，花费大笔的金钱去加入或购买产品，到头来被骗取了钱财。

（二）聪明莫被聪明误

人们常说聪明反被聪明误，《菜根谭》里有这样一句话：“势利纷华，不近者为洁，近之而不染者为尤洁；智械机巧，不知者为高，知之而不用者为尤高。”

红楼梦中的王熙凤可谓大观园中第一能人，小辈怕她，长辈让她，老祖宗（贾母）宠她，谁不夸她？然而“机关算尽太聪明，反误了卿卿性命”。

五、小结

生活中处处是智慧，智慧使我们的生活更加美好。不过，我们要正确认识智慧人生的内涵。智慧人生不是处处要小聪明，我们千万不可聪明反被聪明误。平平淡淡、无忧无虑才是真正美好的人生，踏踏实实做人、勤勤恳恳工作就是最好的人生智慧。

第四章　仁

“仁”是中国古代一种含义极广的道德范畴，本指人与人之间相互亲爱。孔子把“仁”作为最高的道德原则、道德标准和道德境界，他是第一个把整体的道德规范集于一体的人，并形成了以“仁”为核心的伦理思想结构，包括孝、弟（悌）、忠、恕、礼、知、勇、恭、宽、信、敏、惠等内容。其中孝悌是仁的基础，是仁学思想体系的基本支柱之一。他提出要为“仁”的实现而献身，即“杀身以成仁”的观点，对后世产生了很大的影响。

第一节　仁爱

一、仁是一种大爱

为人仁义是心中有大爱的外在表现，仁者要先是一个有爱心的人。

大爱为仁，小爱为欲。大爱无疆，小爱有界。

（一）“仁爱”与自然

儒学以“天”为最高存在，“天”即自然。“天地之大德曰生”，自然界是万物之本、生命之源，也是价值之起始，为万物中之最“灵”者。就自然界而言，其“面貌”“体态”是一种天然。漫长的地壳变化，各类物种的兴衰都不是也不应该为某一物种来决定。“物竞天择，适者生存。”这是达尔文花了一生的心血发现的规律。自然界是按照其自身的规律运行和变化的，人类应当尊重并爱护自然。孔子说："五十而知天命"，"唯天为大"，不可违背"四时行焉，百物生焉"的天道。天人关系中，自然之上的有意识之物可以代表万物与天地行仁义，那就是靠人来实施"仁爱"。"仁爱"乃大爱，"参赞天地之化育"，"与天地参"，不仅要爱人类本身，而且要爱自然，爱万物。有多么崇高的修养境界，就有多么博大的胸襟心怀。"仁与爱"就能渗透到思想意识的更深层次，天地万物,一体之仁。自然界亦可比作人之机体，不可或缺，也不能损坏。科学技术极大推动着生产力，人们却利用生产追逐私利的最大化，不顾人类的永续发展而去损毁自然界，这种非"仁爱"造成的后果是自然环境遭到破坏，人类和生物的生存环境日益恶化。

（二）"仁爱"之人爱

"仁爱"从一定意义上说，就是人与人之间的相互之爱。这种相互之爱，是以不危害他人为底线，而以促进他人的发展为目标的关怀之爱。儒学思想传统所承袭的"仁爱"是值得继续运用与发展的。人虽然没有上天赋予的"神的意志"，却有"道德理性"。道德理性的基本点"仁爱"是人类社会不可或缺的。人都有为"仁"的愿望，更有"爱"他人和被"爱"的期望，"仁"究其本意而言就是"爱人"，此中坚守着人与人、人与社会、人与自我关系的底线和准则。

从心理学的角度看，"仁"是内在的情感，同时依靠"知"而得以"觉"。这种"觉"是一种自觉，必须在后天的实践中验证实现。就其存在而言，"仁"是最真实的情感，其中隐含着做人的价值内容，即做一个真正具有爱心的人。无论是内在情感，还是伦理关系的准则，均要诚心诚意地去做，都要以博大的胸怀去践行。

"爱人"是人类的天性，由亲至众乃是一种自然情感的发生与流露，也是一种基本情感诉求。孔子说："孝弟也者，其为仁之本与!"爱人、注重情感、理解、关心他人本该是人们所奉行的，但在信息化的现代社会中是否人人有爱心？"让世界充满爱"像是呼吁，又像是祈求。从原始社会到今天的信息社会，生产力极大提高，社会财富不断积累，但人们在和平安宁的社会中享受到幸福了吗？在诸多奔向“让世界充满爱”的途径中，倡导“仁爱”即为适当且有效的途径之一。

二、仁者爱人，人恒爱之

“仁者爱人，有礼者敬人。爱人者，人恒爱之；敬人者，人恒敬之。”仁爱是人人皆可为的，和阶级地位无关，所有人在仁者眼中都是平等的，没有高下贵贱之分，这才是真正博爱的体现。仁者并非只会关怀比自己轻贱的人，仁者眼中只有靠近仁与远离仁的人。远离仁的人会给自己与身边的人带来灾祸，靠近仁的人能够成就别人的同时成就自己。本质上来说，每个人都是一样的，都可成为圣贤，但同样也都可以成为小人，区别就在于言行上：君子在细微处见精神，即便是小事也不放纵自己的身心。君子诚心守善，给人以温纯敦厚的感觉，言语祥和可以善慰人心，行事不逾常理且踏实可信，所以众人都能受其感化，愿意亲近他；小人日常行为放纵，内心私欲膨胀，不能忍让和耐守寂寞，容易胡作非为。小人性情亢奋，骄傲自大，诡辩滑舌，论人长短，好传是非，甚至损人利己，更有甚者损人不利己，众人避之唯恐不及。君子能够汲引他人的仁爱良善之心来成就别人，而小人却唯恐天下不乱，希望每个人都和他一样在人性的阴暗面中度日。善人与善人处，日益进其仁；恶人与恶人处，日益涨其恶。自古仁爱之理，自天子以至于庶人，都不可废弃。天子去仁，国家昏乱。庶人去仁，家庭纷乱。是以君子视善、语善、行善，博学于文，守之以礼，仁而爱人，持而久之，所行之处无处不得自在。至善生神，神生仁爱，仁爱就具足智慧，智慧足以成就一切，最终能与天地并立，达到天人合一的境界。

三、仁爱的感召力

第一次世界大战期间，美德两军在一处平原相遇，双方交战激烈，枪声不断响起。在他们之间的是一个无人地带，一个年轻的德国士兵尝试爬过去，结果被带钩的铁丝缠住了，他发出痛苦的哀号，不住地呜咽着。相距不远的美军都听得到他的惨叫声。一个美国士兵无法再忍受，于是爬出战壕，匍匐着向那德国士兵爬过去。其余美军明白他的行动后，都停止开火，但德军仍炮火不断，直到德国指挥官明白那美国士兵的举动后，才命令军队停火。此时，战场上一片沉寂。那个美国士兵匍匐爬到受伤的德国士兵那儿，帮他脱离了铁钩的纠缠，扶起他走向德军的战壕，交给已准备迎接他的同胞。之后，他转身走回美军阵营。忽然，一只手搭在他肩膀上，他转过身来，原来是一位获得铁十字勋章的德军军官，对方从自己制服上扯下勋章，把它别在美国士兵身上，才让他走回自己的阵营。当该美国士兵安全抵达己方战壕后，双方又恢复那毫无理智的战斗。

四、小结

仁爱之心人皆有之，比如人人都有同情和怜悯他人的心理。从宏观来看，世间万物构成了一个整体，个体之间相互依存，万物之间是牵一发而动全身的关系，任何个体遭到破坏最终都可能影响到另一个个体的生存，所以关爱他人实质也是在爱自己。

当我们看到其他人受伤流血时自己也会感觉到不舒服，很多人见不得杀人的场面，有的人看到杀动物场面也不舒服，有的人经常说："打在你身上，痛在我心里。"这些都是同理心的影响。例如：有的人看电视剧，看到感人之处会泪流满面。有人做过调查，人们之所以会被电视剧感动，除了被电视剧中主人公的悲惨遭遇打动之外，最主要的原因是联想到自己的遭遇，才悲从中来，最容易被感动的人是有与电视剧情节类似经历的人。

第二节　仁善

仁是内心善良的外在表现，仁义的人都是心地善良的人，仁者也是善良的人。心存乎仁，行止于善，心要存仁厚待人之理念，言行举止要善为他人着想。

一、上善若水

水是神奇之物，它可以上天入地，可以是液态、固态和气态，地球上的所有生物都离不开它。老子说：“上善若水。水善利万物而不争，处众人之所恶，故几于道。居善地，心善渊，与善仁，言善信，政善治，事善能，动善时。夫唯不争，故无尤。”做人应该像水一样，至柔之中又有至刚、至净，有大的胸襟和气度。

（一）守拙

水乃万物之源，论功勋当得起颂辞千篇、丰碑万座，炫耀的资本不可谓不厚。可它却始终保持一种平常心态，不仅不张扬，反而“和其光，同其尘”，哪儿低往哪儿流，哪里洼在哪里聚，甚至越深邃越安静。此等宁静和达观，是很多人难以企及的。这的确是一种“无为”，但不是对“大我”的无为，而是对“小我”的无为，是在个人利益上的无为。

（二）齐心

水的凝聚力极强，一旦融为一体，就荣辱与共，生死相依，朝着共同的方向义无反顾地前进。因其团结一心，水威力无比，可以汇集而成江海，浩浩渺渺；乘风便起波涛，轰轰烈烈。

（三）坚忍

水至柔，却柔而有骨，它的执着，令人肃然起敬。九曲黄河，多少阻隔、多少诱惑，即使关山层叠、百转千回，东流入海的意志何曾有一丝动摇，雄浑豪迈的脚步何曾有片刻停歇？浪击礁岩，纵然粉身碎骨也决不退缩，一波一波前赴后继，一浪一浪奋勇搏杀，终将礁岩撞了个百孔千疮；崖头滴水，日复一日，年复一年，咬定目标，不骄不躁，千万次的“滴答”“滴答”，硬是在顽石身上凿出一个窟窿来，真可谓以“天下之至柔，驰骋天下之至坚”。

（四）博大

“海纳百川，有容乃大。”水最有爱心，最具包容性、渗透力、亲和力，它通达而广济天下，奉献而不图回报。它养山山青，哺花花俏，育禾禾壮，从不挑三拣四、嫌贫爱富。它映衬荷塘月色，构造洞庭胜景，度帆樯舟楫，饲青鲥鲢鲤，任劳任怨，殚精竭虑。它与土地结合便是土地的一部分，与生命结合便是生命的一部分，但从不彰显自己。

（五）灵活

水不拘束、不呆板、不僵化、不偏执；有时细腻，有时粗犷，有时妩媚，有时奔放。它因时而变，夜结露珠，晨飘雾霭，晴蒸祥瑞，阴披霓裳；夏为雨，冬为雪，化而生气，凝而成冰。它因势而变，舒缓为溪，低吟浅唱；陡峭为瀑，虎啸龙吟；深而为潭，韬光养晦；浩瀚为海，高歌猛进。它因器而变，遇圆则圆，逢方则方，直如刻线，曲可盘龙，故曰“水无常形”。水因机而动，因动而活，因活而进，故有无限生机。

（六）透明

虽然也有浑水、污水、浊水甚至臭水，但污者、臭者非水，水本身是清澈、透明的。它无颜无色、晶莹剔透；它光明磊落、无欲无求、堂堂正正。唯其透明，才能以水为镜，照出善恶美丑。人若修得透明如水、心静如水，善莫大焉。

（七）公平

水不汲汲于富贵，不戚戚于贫贱，不管被置于瓷碗还是金碗，均一以任之，而且器歪水不歪，物斜水不斜，是谓“水平”。人若以水为尺，便可裁出长短。

二、仁善是福

积善之家必有余庆，积不善之家必有余殃。

累积生命正能量，生活越来越美好。处处圆融，随缘自在，自在随缘，这就是生活，这就是修行。俗话说：善有善报，仁善之人自有福报。善良的人因为心地善良不做恶事，自然与之为敌的人就会很少，这个世界上欺压良善的人毕竟不多。

怀着仁善的心，做每一份善事，心灵上得到满足，你将拥有最美的心情；你虽然不求别人报答，但你的善举也许在别人的心目中生根发芽，他将感恩你一生，你会在别人默默的感恩中，得到无比的快乐；无论你身在何处，无论你是多么的艰难，不要忘了，你帮助别人时别人也在默默地感恩着你。

三、仁善是一种力量

“善”是人生命本质中最美好的东西，因此保持“善”和不断提升道德是人最应该做的。君子喜欢看善书、行善事，不仅自己行善，而且要提倡善，将善推广到四方，感化世人，使世人有所觉悟而获得幸福，使一切归于天理正道，所以《孟子》说：“君子莫大乎与人为善。”

善的力量是巨大的，因为善的力量无处不在，它可以从根本上改变人心，引导人追求和实践真理，回归良知本性，做出善良、正义的选择。明代时，山右人伍千筋力大好勇，平日常舞枪弄棒，一句话不合心意，就出重拳打人。或抢夺别人财物不偿还，或借人钱财不立借据，人们都害怕他。一天，天很热，他上城楼乘凉，有几人先在楼上乘凉，看见他来了，都吓得避到别处去了，只有一位老人仍坐在那里不动。伍千筋盛气凌人地说：“众人都跑了，你还不动，是不是认为我拳脚不厉害?”老人说：“你执迷不悟啊，你父母抚育你长大成人，希望你成为于国于民有益之人。你有一身武艺，不思报效国家，却甘心做无赖，使国家少了一个可用之材，可惜！可惜!”伍千筋听了老人教诲，非常惭愧，他流着泪说：“周围人都说我是可恶的坏人，我也就当自己是坏人。今日听了您的话，如同听到晨钟暮鼓，令我猛然清醒过来。只是我做坏人时间长了，就像残月难圆一样，纵然痛改前非，不知能不能成为正人君子?”老人说：“你如果真的要回心转意、修身向善，又怎么不能成为正人君子呢?”伍千筋从此改恶从善，报效国家，后来官至副元帅，治军严明，爱民如子，受到人们的称赞。

四、小结

仁善告诉我们，善良不完全是对他人好和愿意帮助他人，不去伤害弱者、保护和帮助弱者也是善良。仁慈和善良是个人修养的较高境界。仁善不仅仅是美德也是一种无形的力量，这种力量可以从内心深处打动和感化他人。

第三节 仁和

“仁”就是仁者爱人，“和”是以和为贵，有了仁和之心就会使人与人之间和谐相处，家庭和睦，促进社会的和谐。如果人人都有仁和之心，那么这个社会将是一个无比和谐美好的社会。

一、家庭仁和

中国是以家庭为基础的社会，家庭是社会组织的细胞，孟子认为，只有家庭成员之间恪守各自相应的规范，做到“父慈子孝”“兄友弟恭”“夫妇有别”，才能实现家庭的仁和。

在当今社会，经常出现父子反目、夫妻成仇的事情，而且似乎不肖子孙数量有上升的趋势，究竟是哪里出了问题呢？应该是仁和的缺失造成的。生活在一起的一家人靠的是血缘联系，那么血亲之间需要仁和吗？当然也是需要的。

（一）父慈子孝

1. 父慈

《礼记·大学》曰："为人父，止于慈。"那么何为"慈"呢？"慈"就是长辈对晚辈的爱。孟子认为，父母对子女的"慈"主要包括两个方面的内容：一是养育，主要是从物质生活方面供养子女，让他们得以健康成长；二是教育，主要是从道德、智能方面教导子女，让他们懂得和掌握为人处世之道。父母对子女的慈爱是家庭和睦的基础。

2. 子孝

为人子女，孝敬父母是天经地义的事情，也是家庭和睦的保障。孟子认为，为人尽孝的"孝道"思想是先天根植于人脑的自然善性。孟子有一段精辟的论断可以证明人具有先天的善性："人之所不学而能者，其良能也；所不虑而知者，其良知也。孩提之童，无不知爱其亲者；及其长也，无不知敬其兄也。亲亲，仁也；敬长，义也。无他，达之天下也。"（《孟子·尽心上》）

（二）兄友弟恭

在家庭中，平辈之间最亲密的关系是兄弟姐妹。我国自古就非常注重兄弟姐妹之间友好与和睦的关系。"兄友弟恭"说的是哥哥对弟弟要友爱，弟弟对哥哥要恭敬，形容兄弟之间互爱互敬。作为先生之兄对待后生之弟要"爱"和"友"，同时，作为后生之弟对先生之兄也要"顺"和"恭"。

（三）夫爱妻贤

俗话说得好，"家有贤妻夫祸少"。夫妇生活之道讲究的是夫爱妻贤，妻贤夫安。从发生学角度看，夫妇关系是最为基础的社会关系和家庭关系，没有夫妇就没有父子、兄弟姐妹以及其他社会关系。"天地氤氲，万物化醇。男女构精，万物化生。"古人把夫妇关系看作是"男女双方"合二姓之好，以继万世之后的终身大事。孟子也认为"男女居室，人之大伦也”。有了夫妇关系，然后才有父子、兄弟、君臣、师友等诸多关系，才创造了人类社会的文明。因此，《周易》才将男女、夫妇置于各种社会关系的开端。

夫妻恩爱是家庭和睦的根本，问题家庭多数是夫妻之间出现了问题，然后子女跟着也出现问题。要想夫妻恩爱，就必须遵循夫爱妻贤的道理。

夫妻之间除了恩爱之外还要处理好两人在家庭中的分工问题。古语说："夫妇有别。"这指的是夫妇在家庭分工上是不同的。按照中国的传统，是男主外女主内，丈夫主要负责家庭的生存与发展，维持家庭生计，处理家庭内部和外部的重大事务。妻子主要负责家庭内部琐细事务，操持日常生活，相夫教子。

二、政治仁和

自古施仁政者得民心，统治者的“仁”可以使统治者与被统治者关系和谐。仁政学说，首先表现在经济上的利民、安民，也就是保持小生产者的生活稳定，实行使老百姓有稳定生活的土地制度。这样才能保证民众的基本生活，民众也就不可能因为生活困顿而陷于刑罚，由此孟子提出了“制民之产”和“取民有制”的具体措施。

因此，国家必须想民之所想，急民之所急，始终把民众的冷暖和疾苦放在心头，只有这样，才能赢得人民的尊重和支持。近年来，国家推行的精准扶贫政策和全面脱贫规划，就是政府施行仁政的具体表现。

三、社会仁和

古人认为，教化与爱物是实现社会仁和的路径，大意是教化民众可以促进人与人之间的和谐，仁爱万物可以促进人与自然的和谐。

（一）教化

教化是仁和之本，儒家思想的主旨就是由“内圣”达到“外王”。“内圣”指的是“修身”“正心”，“外王”指的是“齐家”“治国”“平天下”。而“内圣”“外王”之间的桥梁就是道德教化。“教”就是教导。《白虎通义》云：“教者，何谓也？教者，效也。上为之，下效之。民有质朴，不教而成。”“化”就是驯化，所谓的“教化”，就是“以道教民”“以教化民”。

社会中，几乎每个人都有一点小私心，自私和利益的争夺是导致社会不和谐的重要原因。社会要想和谐，离不开“仁”字。人与人和谐相处的很重要的一点就是，不能完全只为自己想而不考虑他人的感受。但是由于私心的存在，人们处理事情时往往优先考虑自己，并不是每个人都能做到“己所不欲，勿施于人”。那么如何能够实现社会的和谐呢？就是进行道德的教化。比如，教育部一直在强调要加强德育教育和素质教育，加强德育教育就是古人所说的道德教化和“以道教民”“以教化民”。

（二）爱物是天人相和之道

爱物是天人相和之道，“天人相和”之道是中国古代先贤哲人追求的一种境界，在构建社会主义和谐社会的今天，也是我们期望达到的目标。“天人相和”蕴含着人与自然关系的正确定位。人类沉醉于征服自然，结果使自然环境恶化，使人类生存环境受到了严重的威胁。人类社会进步和发展特别是经济的发展往往伴随着对大自然的破坏，人类的技术越发达，科技越进步，人们对环境的破坏能力就越强，人类的进步和发展同生态环境的保护几乎成了不可调和的矛盾。在高度发达的现代社会中，我们面临着如何正确定位人与自然关系的问题，并且还要在二者之间找到最佳连接点。从中国传统文化中寻找可资借鉴的历史资源，或许是一条可行的途径。

孟子“天人相和”之道的实现路径不是西方的“外在超越”，而是个体和自身的“内在超越”。“内在超越”是一种扩展、提升和不断突破自我限制的状态。孟子认为人性善，人应该不断地涵养和扩充自己的善心，并通过推恩的原则由推己及人到推己及物，把人伦的道德准则衍生到生态自然中，从而实现人与自然的和谐相处。

孟子由推己及人和推己及物提出了“仁民而爱物”的主张。“君子之于物也，爱之而弗仁；于民也，仁之而弗亲；亲亲而仁民，仁民而爱物。”这句话的意思是：君子对于万物，喜欢它，但谈不上仁爱；对于百姓，仁爱，但谈不上亲爱；亲爱亲人而仁爱百姓，仁爱百姓而爱惜万物。

四、小结

人类最需要的是和平共处的仁和之心，我们不应该把大量的时间和精力用在人与人之间的内耗上。小到与同事、邻里之间的摩擦，大到国家与国家之间的战争，如果所有人都有一颗仁和之心，把精力和财力都用于社会建设和改善民生上，这个世界将会更加美好。

第四节　仁心

一、仁的源头

孟子认为，人皆有心，其心有仁。也就是说，人皆有恻隐之心，只要此心不被遮蔽，其性之善就会呈现出来，进而发之为善行，并且会显现出光辉的气象。故而，孟子指出：“君子所性，仁义礼智根于心。其生色也，睟然见于面，盎于背，施于四体，四体不言而喻。”“充实之谓美，充实而有光辉之谓大，大而化之之谓圣，圣而不可知之之谓神。”凡此可见，心是道德（仁义礼智）之根源，或者说心之善经由道德而体现，并显现在个人的气质上，同时放大人性之美与善性之美。究而言之，何谓仁心？尽管孟子没有给出明确的定义，但是从孟子对“仁”与“善”的界定中，我们还是可以窥见其中端倪的。简言之，所谓仁心即指善心、良心、爱人之心、恻隐之心或不忍人之心等。

孟子认为“仁，人心也”，并且指出“人皆有不忍人之心”。进而，他进一步阐释了“不忍人之心”，他举例说：“所以谓人皆有不忍人之心者，今人乍见孺子将入于井，皆有怵惕恻隐之心。”人见孺子将入于井而产生的怵惕恻隐之心，是人心之善的自然流露，是没有任何功利目的的；亦即

“非所以内交于孺子之父母也，非所以要誉于乡党朋友也，非恶其声而然也”。基于此，孟子认为“无恻隐之心，非人也；无羞恶之心，非人也；无辞让之心，非人也；无是非之心，非人也。恻隐之心，仁之端也；羞恶之心，义之端也；辞让之心，礼之端也；是非之心，智之端也。”由此观之，孟子先是从道德哲学的维度以形而上的方式论证了“仁义礼智根于心”，并且以喻证的方式把人内在的四端比喻成外在的四肢，孟子认为“我”之四端，皆由“我”扩而充之。在孟子看来，四端之于“我”是极为重要的，同时扩充也是必不可少的；如果四端能扩充和扩大，就可以保四方平安；如果四端不能扩充和扩大，甚至连侍奉父母都做不到。

二、仁心的修炼

仁心是人内心修炼的结晶，是一个人内心修养达到一定境界的外在体现。内心的修养和仁心的修炼实际上是个人内心两个或多个心念的对抗，最终仁心占据主导地位并排除其他心念独自留在心中的过程。这个过程，是一个持续进行的过程，是时常受外部环境影响的，而且心念的转换也随时可能发生。心念的斗争是复杂的，尤其是两个心念势均力敌、难分胜负的时候，人往往是比较痛苦的，但是一旦哪个心念占据了主导地位，烦恼就会消失。我们经常会听到有人因一念之差而酿成大错，用我们通俗易懂的话说，就是人们时常会徘徊在几个想法之间（有时是几个截然不同的想法），人们需要从这几个想法中做出抉择，这个抉择的过程就是心念修养的过程，换句话说就是当你为一件事情举棋不定的时候，在几种想法之间做思想斗争，最终会有一个想法占据上风进而主导你的行为。内心的修炼就是长期保持一个心念的过程，仁心的修炼就是长期保持仁慈之心念的过程，在保持这一心念的过程中会时常受到外界的干扰，因此修养或修炼是保持一个心念并持续抵御外部干扰的过程。干扰不断，修养不休。

仁心修炼过程中的最大障碍是私心，人们在自己的利益不受伤害的情况下比较容易表现出仁义和慈善之心，而一旦有碍私利，往往私心会占据上风，这就是人常说的我凭什么牺牲自己的利益帮助你。大多数普通人做不到牺牲个人利益成全他人，特别是成全那些与自己不相干的人。修得仁心的很重要的一点就是要站在他人的立场上思考问题，不能一切以自己为中心。

仁心的修炼是仁心得以保持和扩充的过程，孟子以“牛山之木”为例来喻证人心之善与仁，木之濯濯犹如善之濯濯，当精心呵护之，不能“自贼”、自伐；当存夜气以养之，收其所放之良心。若是“自贼”、自伐，“梏之反覆，则其夜气不足以存；夜气不足以存，则其违禽兽不远矣”。简言之，人应该寻回丢失的良心，通过“存夜气”以保良心。其实在孟子看来，为人与为学之道就在于“求放心”与“保良心”，他说：“人有鸡犬放，则知求之；有放心，而不知求。学问之道无他，求其放心而已矣。”当然，良心收回来之后并不意味着道德修养功夫就此结束了，还需精心呵护之，以“保良心”。

孟子认为人之本心即良心、仁心，而且是“天之所与我者”，然则，君子能存，小人不能存。所以，孟子强调：由思而反，由反而诚；由收而养，由养复善。进而，重新回到良心与仁心上来。

三、仁心的价值

孟子从仁心的端点出发，提出个人应该成为仁人，尤其是从政之人，更应该成为仁人或仁者。孟子坚信仁人或仁者应该能够施行仁政，教化万民，使民安居，使天下洽然。孟子认为“天下之本在国，国之本在家，家之本在身”，所以说，孟子提出的由“身”至“家”，由“家”至“国”，由“国”至“天下”的逻辑理路与仁心、仁人至仁政的逻辑理路是互为表里的。孟子建构了身—家—国与仁心—仁人—仁政的双重三位一体的逻辑理路，与之相随的价值向度亦从此逻辑理路中涌现出来。仁心是此理路的起点，仁人是此理路的关键，仁政是此理路的目标。在孟子眼中，人皆有仁心、爱人之心、恻隐之心和不忍人之心，然而，若要实现扩而充之，则先要收其所放之良心，同时还要寡欲以养心。在孟子看来，人只有内有仁心，方有可能成为仁人；人只有将内在的爱与仁由内向外地扩展出来，才能使仁心与仁人实现真正的和谐统一。以仁心为端点，孟子指出社会中的个体都有成为仁人的可能。无论是寻常百姓还是高官小吏皆应该萌发仁心并扩而充之，以成仁人，尤其是人君更应该内据仁心，外成仁人，进而施仁政于民。在孟子由仁心至仁人再至仁政的三位一体的逻辑中，仁人是最关键的核心，也就是说，仁心并不等于仁人，仁心只是成为仁人的逻辑前提，仁心在社会中依然会为是非、名利、情欲所惑，只有不断地寡欲养心、存心养性才能保持仁心，只有扩而充之才能成为仁人，只有持续“修身以俟之”才能安身立命。在孟子眼里，仁人只是仁政的逻辑前提，关键是仁人要在其位，仁人只有在其位才能谋其政；进而，仁人才可以效法先王治国、施仁于民。

四、小结

宅心仁厚福寿广，居心仁爱而待人宽容是人见人爱的美德。其实，每个人都有一颗仁心，仁心的起点是良知和良心，良知和良心是人之初心。在社会交往中，有的人的良知和良心向着好的方面发展就变成了仁慈友善之人，而少部分人的良知和良心被物欲蒙蔽，变得自私自利，甚至有人变成了恶人，这就是人们所说的坏了良心。

中篇
信德礼义

第五章 信

人无信不立，业无信不兴，国无信不宁。诚信是一个人的优秀品质，也是一个社会、一个国家能够持续发展的动力所在。中国人长期以来受到中华优秀传统文化的熏陶，形成了恪守承诺、相互信任的良好品德。诚信的建立不是一蹴而就的，它需要每个人在成长过程中，在做人做事的经历中慢慢去领悟，让其逐渐化为自己为人处世的习惯，形成行为自觉。

第一节 诚与信

一、诚与信的内涵与联系

诚与信所具有的内在含义并非完全相同。“诚”是指诚实无欺、真实无妄，既不欺人，也不自欺。诚侧重于内心的修养及道德。“君子养心莫善于诚”，“意诚而后心正，心正而后身修”。“信”的含义是诚实不欺，遵守诺言，言行一致。人的行为应该是其言语的延伸，信是诚的外化，是通过主体的实践，借助于客体的反馈而体现出的一种内外统一的道德品质。诚是基础和根本，信是表现。诚与信相比较，具有更深一层的内涵，但诚和信的基本要求非常明确，即对人诚实不欺。因此，人们将诚与信合为一体共同使用。过去的社会发展不能没有诚与信，今天的社会诚与信也必不可少，未来的社会诚与信将仍然是人与人、人与社会发展的基础，因为未来的社会应当比现在更好。

二、诚信的发展

自从有文字以来，“诚信”的道德观念便开始了一种由经验型向理论型的过渡，并逐渐成为潜意识的形态，其思想隐约而缺乏完整性。战国时期诚信思想渐渐明晰化，诸子百家对“诚信”各有各的见解，都给予了极大的关注，他们均把“诚信”看作做人的行为准则、事业成功所需的品质与必要条件。还将“诚信”视为区分圣人、君子与小人的标准之一。到了明清时期，“诚信”问题又成了思想家们研讨的热点。人们不仅研究了义之信与非义之信，信与诚、信与忠的关系，还将“诚信”作为社会公德之本和职业道德之源。今天我们提倡社会道德，讲究职业道德并非孤立无援，而是来自深厚的“诚信”文化。

三、诚信的功能

“诚信”作为基础性的道德原则，既是做人的道德原则，又是为政的道德准则。因而它具有调节社会各领域、各方面关系的功能。换言之，它起到了贯穿左右、疏通南北的中心枢纽的作用。“民无信不立”，人立身处世不能没有诚信，如果人与人之间的交往连最起码的诚信都做不到，人类社会就无法发展到今天。从小家到大家，从家长到国君，威望无不以诚信奠基。要治理好国家，国君必将为政以德作为理想治国方略，而为政以德就包含以诚信治国。只有取信于民，人民才可能忠诚于国君，才可能忠诚于自己的职业与工作。因此，诚信可以提升到立国之本乃至治国之本的高度。由教育到国防，自农业到工业，从行政到商业，哪个行业能不讲诚信就可以巩固和发展呢？

四、诚信与家庭

荀子说：“父子为亲矣，不诚则疏。”家庭中的父子关系、兄弟关系等离开诚信就不会和睦。家庭诚信中最容易出现问题的地方是对孩子的诚信教育，孩子撒谎是最令父母头痛的事情。对子女的诚信教育最重要的是父母要以身作则，身教重于言传。例如，父母对子女的承诺要尽全力去兑现，千万不要以为是自己的子女，兑现不兑现承诺都没有大问题。父母是孩子的榜样，不要让孩子从小就觉得承诺不一定要兑现。

五、小结

大家都认为诚信是美德，其实诚信是人的本分，答应别人的事情就应该兑现，签订了协议就应该按协议执行，平时不说谎话，等等，这些原本都是天经地义的事情。那么现在诚实守信怎么就变成美德了呢？就是因为现今社会不讲诚信的人太多了，讲诚信的人少了，物以稀为贵，诚信就成了美德。

第二节 信用

在古代和现代汉语中，信用的内涵，一是道德范畴，指信任、诚实、守约；二是经济范畴，指借贷这种价值运动的特殊形式。所谓信用，是指依附在人之间、单位之间和商品交易之间形成的一种相互信任的生产关系和社会关系，信用构成了人之间、单位之间、商品交易之间的双方自觉自愿的反复交往。

从伦理道德的角度看，信用是指人与人之间在道德和心理上的相互信任以及在行为上的按约行事；从法学理论的角度看，信用指民事主体的偿债能力及其在经济信赖程度上的社会评价；从经济生活的角度看，信用主要表现为商品交易行为和资金借贷关系及由此派生的多种信用形式；从社会制度的角度看，信用是一套关于社会征信、信用评估和信用管理的规章化、程序化的管理制度和操作体系。

一、信用的社会意义

人类天生存在着两面性：人类是群居的高智能生物，有着共存性的一面，又有私人性的一面。人类共存性要求大家相互帮助，而相互帮助的前提是相互信任，别人信任你的前提是你是一个信用好的人。一个没有信用的人，没有人愿意和他交往，容易被孤立，而我们谁都不愿意被别人孤立。说白了就是人生存在世上不可能不和别人打交道，而人与人交往最重要的就是要有信用，没有信用的人很难在社会立足。人类除了有共存性以外，又有私人性，所以每个人都有私心，私心是导致人不守信用和怀疑别人的主要原因之一。

随着社会分工和商品交换的出现，人与人之间开始发生信用关系，信用关系既反映了不同商品生产者之间的经济利益关系，同时也体现了人们生活中应该普遍遵守的行为准则。如果这个社会失去了信用，那么就会成为一个人人自危的社会。

人类社会的发展需要合作和分工，合作和分工的基础是信用。从某种意义上讲，没有信用，社会很难进步和发展。

二、立人之本

《左传·成公十七年》中，郤至道："人所以立，信、知、勇也。"可见，郤至把"信"作为一个人在世上立身的准则之一。孔子特别强调"言必信，行必果"，认为人在社会上立足，不讲究信用是不行的。汉代的董仲舒还把"信"列为五种基本道德规范之一。

按照传统道德的要求，只有恪守信用，人的社会生活才是真正道德的生活，人们才能以"应该"的行为方式处理好与自己、与他人及社会的关系，人的行为举止才会符合社会要求。反之，"人而无信，不知其可也。大车无輗，小车无軏，其何以行之哉?"輗是车子辕端的横木，缚轭以驾牛者；軏是车子辕端的曲木，勾衡以驭马者。古代以牛驾大车，以马驾小车，二者若无輗无軏，则无法套牲口，车子也就不可能行走。人而无信，所言所行不符合真实无妄的本性，其言其行也根本不可能行得通。

《左传》一书中称"信"为"国之宝"。孔子也主张，一个国家统治者可以去食、去兵，但不能去信，"自古皆有死，民无信不立"。中国传统道德提倡人与人之间以信义相交，坦诚相待，实现人与人之间的相互尊重、相互理解、相互信任；反对相互欺骗、相互猜疑，反对言行不一、表里不一、钩心斗角。因而，恪守信用被提升为立人与立国之本。

三、信用是素质，也是能力

信用的本质特征主要表现在：信用内在地包含着经济关系中的等价交换原则、公平原则、守信原则等伦理精神和市场经济发展规律。具体地说，第一，信用当事人在主观上具有遵守承诺、履行义务的道德品格，在客观上具有兑现或偿付的能力。信用是人们的素质，也是能力，正如约翰·穆勒所说："究竟乙（指契约关系中的一方）有多少信用，要看人们对他的偿付能力的评价。"因此，信用包括一个人的道德品格和资产信用两方面的内容。第二，信用实质上反映了社会经济关系的普遍准则，体现为人们之间的一种债权与债务、责任与权利的关系。第三，信用的结果具有未来性和预期性，带有对未来经济利益的一种心理预期和要求。

信用并不完全是人品的问题，它还需要基础和支撑，就是我们所说的凭什么相信你。在现实生活和影视作品中，我们会经常听到这样的话："我拿我的人格担保。"这时，别人会反问："你的人格值多少钱?"这句话听起来很势利，却很实在，假如一个人所有的财产只值10万元，无论信用多么好，人品多么好，他去为别人做1000万元的担保，会有人同意吗？这一点要求人们要在个人能力范围之内作出承诺，不要向别人承诺自己没有能力兑现的事情。

四、个人信用的培育

恪守信用是人与人的社会交往和商品交换所体现出来的人格上的至高品质，它比金钱、生命更宝贵。这种人格上的高尚品质不仅仅要靠法律来约束，更要靠理性的道德自觉来实现。那么如何使自己成为信用好的人，如何培育个人信用呢?

（一）提高道德品质

人的自我修养，就是通过践行道德和自我反思的方法，提高道德觉悟，培养高尚的品格，以达到人格的完善。信用与诚实不仅是一种美德，也是一种境界。人们在日常生活中，无论是在思想上还是在行动上，都应以诚信的准则来要求自己，都应做到诚实与守信，以此来提高自己的道德修养。

信用本身也是道德标准，是人的道德素养的重要表现。信用之所以是人们道德素质的重要表现，是因为它集中反映和体现了一个人的道德素质。一个人具有良好信用的关键是他在道德品质和道德素养上能够严格遵守信用规范，履行信用承诺。其实，人类的交往活动大都建立在相互信任的基础上，而信用正是这种相互信任的一个组成部分。信用是道德主体在长期的社会生活实践中通过道德规范习惯化而形成的道德品质。信用的形成依赖于道德主体的道德素养，尤其是其诚信的美德。如果一个人具有诚实守信的品质，在任何交往活动中都能以诚待人，取信于人，人们便会对他产生信任感。在日常生活中，我们常常相信某人的人品、信任某人，这就意味着某人有良好的信用。市场主体在经济活动中讲信用，我们称之为有信誉、信誉好。一个人如果能够保持良好的道德操守，我们称之为人品好。其实，这都表明信用对于道德主体来说是十分重要的道德素质。

（二）不要轻易承诺

一个人对自己而言，不存在“守信”与“失信”的问题，一个人的信用是对他人而言的。因此，我们不要轻易地去向别人承诺什么，一旦承诺了就要尽全力去兑现。如果实在无法兑现自己对别人的承诺，一定要把原因解释清楚。

“言诺而不与，其怨大于不许。”故而，“君子寡言而行，以成其信”。“言诺而不与，其怨大于不许”的意思是说：如果你许诺了别人，最终却没有兑现，那么别人对你的怨恨远远大于你不许诺。你不许诺，别人不会怨恨你；而你许诺了却不兑现，别人则会对你产生怨恨之心。

（三）诚实守信

个人信用的培育是一个长期的过程。在这一过程中，诚实守信最为重要。俗话说："君子一言，驷马难追。""大丈夫吐口唾沫都是钉。"一言九鼎是良好信用的基础，当你确实无法兑现承诺时，一定要把原因和他人说清楚，不能不明不白。当失信于人的时候要实事求是地解释清楚，不要用谎言蒙骗他人。这个世界上几乎没有拆不穿的谎言，一旦谎言被拆穿，后果更加严重。

五、失信的原因分析

（一）客观原因

造成失信的主要原因之一是客观上无法兑现。客观上无法兑现的原因有很多，比如客观条件发生变化使得自身无法兑现自己的承诺，自身的能力发生了变化导致没有能力兑现，等等。客观原因造成的失信行为是人们可以原谅的，这并不是违背道德的行为，而是当事人确实无能为力。

（二）主观原因

主观原因也会造成失信行为的发生。有的人在承诺后发现自己吃亏了，于是不再兑现承诺；有的人是当时随便说说，自己没当回事，于是事后忘记了；也有一部分人是出于不可告人的目的，对别人的承诺原本就是虚假的，比如非法集资多数是以高额的利息回报欺骗他人，当资金积累到一定程度后他们就携款潜逃，从一开始他们就没打算兑现承诺。

六、小结

个人信用实际上是个人的资本，信用好的人出现困难时会有人愿意帮助，而那些信用不好的人则没人愿意帮助。就像企业贷款一样，信用好的企业贷款就容易，而信用不好的企业贷款就困难。

第三节　信任

人与人之间和谐相处是离不开相互信任的，信任是人与人沟通的必要条件。人生之幸，莫过于被人信任；人生之憾，莫过于失信于他人。信任的力量到底有多大，也许只是几句坦诚的话语，也许只是一丝难得的真诚，但它却能打开一扇紧闭的心窗，改变一个人的一生。

人与人之间需要相互的信任，信任是一种无形的力量。信任是人与人之间的行为，它包含个体对外界的信任和外界对个体的信任。个体对外界的信任包括对其他个体的信任、对集体的信任和对国家的信任等；外界对个体的信任包括其他个体对个体的信任、集体对个体的信任和国家对个体的信任等。

在网络上，有人把自信归结为自己对自己的信任，其实把自信说成信任并认为信任包含自信的观点缺乏科学的依据。相信自己能行是一种信念，而不是对自己的信任。自己信任自己理论上说不通，因为无法举出反例，就是说没有听说过谁不信任自己。自信的基本含义是“人对自己的个性心理与社会角色进行的一种积极评价”，它是一种对自己有能力完成某项任务、解决某个问题的信念，它是心理健康的重要标志之一，也是一个人取得成功必须具备的一项心理特质。

一、信任他人

信任他人本身是一种美德，是团队合作的前提条件之一。一个人活在世上不可能所有事情都能独自完成，很多事情是需要别人帮忙的，如果谁都不信任，那么真的很难生存下去。在这个世界上立足，我们要少一点胆怯，多一点勇气；少一点自卑，多一点自信；少一点疑虑，多一点信任。事实上，信任本身就意味着勇气和自信。多相信世界一点，多相信别人一点，对自己没有什么坏处。

1. 相信世界上还是好人多

不信任别人的原因之一就是担心遇到坏人，其实，这个世界上坏人毕竟是少数。我们要相信，用真诚的态度和人相处是能够获得别人的真诚相待的，即使偶尔被骗一两次，就当吃亏是福了。我们不能因噎废食，因为人与人之间需要相互帮助与信任。

2. 信任的基础是相互了解

在农村，一个村子的人互相都比较熟识，因此村民之间一般都是彼此信任的。而在城市里就不行了，住在同一个小区的同一栋楼里面的人都互不相识，原因是彼此缺乏沟通与了解。因此，我们要多了解他人，多和他人交流、沟通，这样值得我们信任的人就会越来越多。

3. 相信别人能够把事情办好

不信任他人的另一个原因就是担心别人办不好事情，其实，只要不是强加给别人的事情，只要别人答应了，那么多数是可以办好的，不然别人也不会轻易答应。

二、信任是无形的力量

人们常说："士为知己者死。"为什么可以为知己者死呢？这其实就是信任的力量。很多人努力工作的原因是想报答领导的知遇之恩，所谓知遇之恩其实就是高度的信任。领导对下属的高度信任可以使得下属赴汤蹈火也在所不惜；朋友间的高度信任可以使人为朋友两肋插刀，陌生人之间的高度信任有时也会带给人意想不到的收获。

一位母亲第一次参加家长会。幼儿园的老师说："你的儿子有多动症，在板凳上连三分钟都坐不了，你最好带他到医院看一看。"回家的路上，儿子问她老师都说了些什么，她鼻子一酸，眼泪差点流出来。因为全班三十几个小朋友，唯有他表现最差，唯有对他，老师表现出不屑。然而她还是告诉儿子："老师表扬你了，说宝宝原来在板凳上坐不了一分钟，现在能坐三分钟了。其他妈妈都非常羡慕我，因为全班只有你进步了。"那天晚上，她儿子破天荒地吃了两碗米饭，并且没让她喂。儿子上小学了，家长会上，老师说："这次数学考试，全班50名同学，你儿子排第40名，我们怀疑他智力上有些障碍，你最好能带他到医院查一查。"回去的路上，她流下了眼泪。然而，当她回到家里，却对坐在桌前的儿子说："老师对你充满了信心。他说了，你并不是一个笨孩子，只要你再仔细些，就会超过你的同桌，你的同桌这次排在第21名。"说这些话的时候，她发现儿子暗淡的眼神一下子充满了亮光，沮丧的脸也一下子舒展开来，她甚至发现，儿子温顺得让她吃惊，好像长大了许多，第二天上学，儿子走得比平时都要早。孩子上了初中，又一次家长会，她坐在儿子的位置上，等待着老师点她儿子的名字，因为每次家长会，她儿子的名字都在差生名单中，总会被点到。然而，这次却出乎她的意料，直到家长会结束，她都没听到儿子的名字。她有些不习惯，临别去问老师，老师告诉她："按照你儿子的成绩，考重点高中有点危险。"她怀着惊喜的心情走出校门，此时她发现儿子在等她，她上前扶着儿子的肩膀，心里有种说不出的喜悦，她告诉儿子："班主任对你非常满意，他说了，只要你再努力点，就很有希望考上重点高中。"高中毕业了，第一批大学通知书下达时，学校打电话让她儿子去一趟。她有一种预感，儿子被北京大学录取了，因为在报考时，她对儿子说过，她相信他能考上这所大学。她儿子从学校回来，把一封印有"北京大学招生办公室"字样的特快专递交到她手里，突然转身跑到自己的房间里大哭起来，边哭边说："妈妈，我知道我不是个聪明的孩子，可是，这个世界上只有你能信任我，我不能辜负了妈妈对我的信任……"这时，她悲喜交加，再也按捺不住十几年来凝聚在心中的泪水，任它打在手中的信封上……

三、如何赢得他人的信任

信任是一种财富，能够得到别人的信任对一个人的一生而言是很重要的事情，那么如何赢得别人的信任呢？

1. 做一个值得信任的人

要想被别人信任，你要先成为一个值得别人信任的人。什么样的人最值得信任呢？品德好、能力强的人最容易获得他人的信任。

2. 心存善念

大家通常认为善良的人是值得信任的人，所以我们在和人打交道时要心存善念，时间久了就会赢得他人的信任。一个人如果能够做到“不因善小而不为，不因恶小而为之”，那么这个人一定是值得信任的。

3. 建立关系

一般最值得信任的人是与自己有血缘关系的人，就是我们所说的直系亲属，没有血缘关系的值得信任的有夫妻和朋友等。古代人经常通过联姻和成为拜把兄弟等方式来巩固彼此的信任，这就是通过建立关系来获得信任的方式。

4. 为人厚道

诚实无欺、为人厚道是赢得他人信任的根本，大家都喜欢和老实厚道的人打交道，而不喜欢过于奸诈的人，也不喜欢与耍小聪明的人交往。

四、小结

信任对人的一生而言非常重要，信任包括信任别人和被别人信任。信任是团队合作的基础，没有相互信任就没有良好的合作氛围。人类社会是人与人之间相互交往的社会，相互交往需要信任，可以说没有信任这个社会将不成样子。

第六章　德

社会上许多人认为，一个人的成功靠才能。其实，这只是其中的一个方面。中国古人认为：德才兼备是圣人，有德无才是君子，有才无德是小人，无才无德是愚人。人的才能就像是剑，而人的德行是这把剑的剑鞘。

第一节　恩德

一、知恩图报

懂得感恩、知恩图报是中国的传统美德。我国自古以来便崇尚滴水之恩当涌泉相报，同时还流传着很多知恩图报的民间传说和寓言故事。

脍炙人口的知恩图报的故事当属"结草衔环"的故事了，"结草"的典故见于《左传·宣公十五年》。公元前 594 年 7 月，秦桓公出兵伐晋，晋军和秦兵在晋地辅氏（今陕西大荔县）交战，晋将魏颗与秦将杜回相遇，二人厮杀在一起。就在这难分难解之际，魏颗突然见一老人用草编的绳子套住杜回，使这位堂堂的秦国大力士站立不稳，摔倒在地，当场被魏颗所俘。晋军获胜收兵后，当天夜里，魏颗在梦中见到那位白天为他结绳绊倒杜回的老人。老人说，我就是你把她嫁走而没有让她为你父亲陪葬的那女子的父亲。我今天这样做是为了报答你的大恩大德！原来，晋国大夫魏武子有位无儿子的爱妾。魏武子刚生病的时候嘱咐儿子魏颗说："我死之后，你一定要把她嫁出去。"不久魏武子病重，又对魏颗说："我死之后，一定要让她为我殉葬。”等到魏武子死后，魏颗没有把那爱妾杀死陪葬，而是把她嫁给了别人。魏颗说：“人在病重的时候，神志是昏乱不清的，我嫁此女，是依据父亲神志清醒时的吩咐。”

“衔环”典故则见于《后汉书·杨震传》中的注引《续齐谐记》。杨震父亲杨宝9岁时，在华阴山北，见一只黄雀被老鹰所伤，坠落在树下，为蝼蛄蚂蚁所围困。杨宝可怜它，就将它带回家，放在巾箱中，精心喂养它。百日之后的一天，黄雀伤愈后，就飞走了。当夜，有一名黄衣童子向杨宝拜谢说：“我是西王母的使者，君仁爱救拯，实感成济。”并以白环四枚赠予杨宝，说，“它可保佑君的子孙位列三公，为政清廉，处世行事像这玉环一样洁白无瑕。”后来，果如黄衣童子所言，杨宝的儿子杨震、孙子杨秉、曾孙杨赐、玄孙杨彪四代都官至太尉，而且都刚正不阿，为政清廉，他们的美德为后人所传颂。

（一）懂得报恩贵人多

有情有义、知恩图报的人会有很多人愿意帮助他，无情无义的人是没有人愿意帮助他的。福报来自心，来自付出的心，也来自报恩的心。一个人懂得了报恩，慢慢的，愿意帮助他的人会越来越多；而如果一个人忘恩负义，那么帮助他的人会越来越少。

在这个世界上确实有一些施恩不图报的人，但也有一些人是希望有回报的。大多数人在帮助别人时可能没有想到今后能有回报，但是人们还是希望自己帮助过的人对自己有一种感激的心情，就是说人们可能在帮助你的时候并没想到需要你的回报，但是也不希望你忘记了这件事。

一个人懂得报恩，慢慢的，就会有福报；如果忘恩负义，那上天就削去他的福报。

有这样一个故事：明朝时，福建有个李秀才进京赶考，到了江苏时，入住一家客店。当天，土地神就托梦给客店老板，说有个福建李秀才以后会高中，你要好生招待他。店主就好生招待了李秀才，并且把土地神托梦的故事告诉了他。李秀才听了，很欢喜，睡觉前就在思量：等我当官了，我现在的妻子，长相和文化水平都不够格，不配当官夫人，我要休了她，换一个。他动了这个念头后，土地神便知道了，又托梦给这个店主，说这个李秀才忘恩负义，居心不良，想要当官后休妻，他因为忘恩，福报就消减了，这次考试没有希望高中。后来，李秀才果然没有考中功名。

（二）报恩促进恩德良性循环

报恩是对恩德的回报。俗话说："善有善报。"如何体现善有善报？知恩图报是好人有好报的根源，行善积德中的行善是得到好结果的因，积德是果，知恩图报对恩德的回报是积德的实现形式。

在西方国家流传着这样一个小故事：一个风雪交加的夜晚，美国得克萨斯州一位名叫克雷斯的年轻人因为汽车"抛锚"被困在郊外。正当他万分焦急的时候，有一位骑马的男子正巧经过这里。见此情景，这位男子二话没说便用马帮助克雷斯把汽车拉到了小镇上。事后，当感激不尽的克雷斯拿出不菲的美钞对男子表示感谢时，这位男子说："这不需要回报，但我要你给我一个承诺，当别人有困难的时候，你也要尽力帮助他人。"于是，在后来的日子里，克雷斯主动帮助了许许多多的人，并且每次都没有忘记转述那句同样的话给所有被他帮助的人。许多年后的一天，克雷斯被突然暴发的洪水困在了一个孤岛上，一位勇敢的少年冒着被洪水吞噬的危险救了他。当他感谢少年的时候，少年竟然也说出了那句克雷斯曾说过无数次的话："这不需要回报，但我要你给我一个承诺……"克雷斯的胸中顿时涌起了一股暖流："原来，我穿起的这根关于爱的链条，串联起了无数的人，最后经过少年还给了我，我一生做的这些好事，全都是为我自己做的！"

（三）忘恩负义之人不可交

忘恩负义的人通常也是自私自利的人，这种人为了一己私利什么事情都做得出来。因此，大家千万记住少和忘恩负义的人来往。在历史上，有不少人被那些忘恩负义的人害得家破人亡。

在这个世界上有些人是值得帮助的，有些人是不值得帮助的。想必大家都知道东郭先生与狼的故事，在现实生活中类似中山狼的人有很多。

二、施恩不图报

施恩图报非君子，知恩不报是小人。

施恩是一种美德，施恩不图报则是大德。施恩图报就有了功利之心，有了功利之心就不是德了。

施恩不图报的历史故事和典故比较多，其中较为著名的是赵匡胤千里送京娘。京娘姓赵，山西永济人，年方十七岁，随父去曲阳烧香还愿时遭劫，幸遇赵匡胤拔刀相救，千里送其回家，一路上赵匡胤对京娘关怀备至。途经武安门道川，京娘晨起，临湖梳妆，向赵匡胤诉说爱慕之情。赵匡胤踌躇满志，婉言回绝。这时，一轮朝阳喷薄欲出，赵匡胤作《咏日》题于壁："欲出未出光辣挞，千山万山如火发。须臾走向天上来，赶却残星赶却月。"后来京娘与赵匡胤言情的地方成为一座美丽的人工湖泊，后人称为"京娘湖"，并有"搭衣岩"——京娘晾晒衣服处，"梳妆台"——京娘临湖梳洗时倚坐的岩石。另据冯梦龙《警世通言》记载，赵匡胤千里送京娘，京娘愿以终身相托，然而赵曰："贤妹，非是俺胶柱鼓瑟，本为义气上千里步行相送，今日若就私情，与那两个响马何异？"

我有功于人不可念，而过则不可不念；人有恩于我不可忘，而怨则不可不忘。

战国时期，赵国都城邯郸被秦军围困。赵王赶忙向魏国求救，信陵君也一再劝说魏王出兵，但魏王惧怕秦国的强大武力，犹豫不决，迟迟不敢行动。情急之下，信陵君偷了兵符，杀了本国的大将，夺了军队的指挥权，这才解了邯郸之围，使赵国转危为安。

死里逃生的赵王对信陵君万分感激，亲自跑到郊外迎接，信陵君心里很是受用。这时，他身边的谋臣唐睢就提醒说："我听人说，有些事不能知道，有些事却不能不知道；有些事不能不忘，有些事却不能忘。"

信陵君不明就里，就问了一句："唐先生，你这话是什么意思？"

唐雎就接着说：“有人嫉恨我，我不能知道；我嫉恨别人，却不能不有所察觉。别人有恩于我，我不能忘记；我有恩于人，却不能老记在心里。因为如果老惦记对别人有大恩，就会不断索求回报，时间一久，就会由恩生恨。现在阁下挽救了危亡的赵国，那是天大的恩情，但我希望你能忘记这一切。”

信陵君听了唐雎这番高论，马上回答说：“行，我就听先生的。”从此以后，信陵君在赵国低调做人，与赵王相处很融洽。

信陵君能忘了自己的好，孟尝君则能忘记别人的不好。

孟尝君曾因为齐王的猜忌和同僚的排挤过了一段寄人篱下的日子。后经人劝说，齐王也想起了孟尝君以前的好，就又派人去请孟尝君回来任职。

孟尝君以前的同僚受了齐王委托，跑到边境上去迎接他。两人一番寒暄后，这位同僚就对他说：“你不会因为嫉恨以前那些排挤你的人，而把他们赶尽杀绝吧?”

孟尝君咬牙切齿地说：“那还用说，害我流亡了这么久，这些人必须统统杀掉!”

这位同僚沉默了一会儿，说道：“有件事是一定会发生的，有一个道理是必然的，你知道吗?”

孟尝君说：“不知道。”

那人就说：“死是一定会发生的，而追逐利益、逃避祸患，那是必然的道理，所以说大家帮着齐王一起排挤你，那是人之常情。请你不要再去报复他们了。”

孟尝君一听，觉得有道理，便不再记恨那些人。大家感激孟尝君的宽宏大度，以后也不再说他的坏话了。

你对别人有恩，其实别人心里一直记得，到了关键时刻，人家一定会帮助你的。如果你生怕别人忘了你的好处，处处提醒，时时索取，那别人就会厌烦。

施恩望报有时反而不让人如愿，所以说有功不可念，谁都不喜欢有个人天天追在你后面念叨：“想当初要不是我，你现在能怎么怎么着吗?”过则不可不念，多责己少责人总归是好的。

对自己忘功不忘过，对他人忘怨不忘恩，这是中国的传统美德，历来被人称道。

三、孝道

孝敬父母是良好品行的基础，如果一个人对父母不孝，那么其他方面的品行很难好到哪里去。很多人都听说过羔羊跪乳和乌鸦反哺的故事，禽兽尚且如此，何况人乎？

“羊羔跪乳”语出古训《增广贤文》，原文是“羊有跪乳之恩，鸦有反哺之义”。据说很久以前，一只母羊生了一只小羊羔。羊妈妈非常疼爱小羊，晚上睡觉让它依偎在身边，用身体暖着小羊，让小羊睡得又熟又香。白天吃草，羊妈妈把小羊带在身边，形影不离。遇到别的动物欺负小羊，羊妈妈就用犄角来保护小羊。一次，羊妈妈正在喂小羊吃奶，一只母鸡走过来说：“羊妈妈，近来你瘦了很多。吃的东西都让小羊吸收了。你看我，从来不管小鸡们的吃喝，全由它们自己去扑闹哩。”羊妈妈讨厌母鸡的话，就不客气地说：“你多嘴多舌、搬弄是非，到头来犯下拧脖子的死罪，还得挨一刀，对你有啥好处？”气走母鸡后，小羊说：“妈妈，您对我这样疼爱，我怎样才能报答您的养育之恩呢？”羊妈妈说：“我什么也不要你报答，只要你有这一片孝心就足够了。”小羊听后，不自觉地流下了眼泪，“扑通”跪倒在地上，表达自己的感恩之情。从此，小羊每次吃奶都跪着。它知道是妈妈用奶水喂大它的，跪着吃奶是感激妈妈的哺育之恩。这就是“羊羔跪乳”。

乌鸦反哺出自《本草纲目·禽部》，书中记载：“慈乌：此鸟初生，母哺六十日，长则反哺六十日。”乌鸦反哺是古人在详细观察中所发现的特有的、独立于其他鸟类的一种社会性行为。乌鸦是一种体貌丑陋的鸟，人们觉得它不吉利而厌恶它，但它却拥有一种真正的值得我们学习的美德——养老、爱老。乌鸦在养老、爱老方面堪称动物中的楷模。这种鸟在母亲的哺育下长大后，当母亲年老体衰飞不动因而不能觅食的时候，它的子女就四处去寻找可口的食物，衔回来嘴对嘴地喂到母亲的口中，回报母亲的养育之恩，并且从不感到厌烦，一直到母亲临终，再也吃不下东西为止。

孝敬父母是一种报恩的行为。父母对子女有养育之恩，就是说没有父母就不会有子女，没有父母的抚养子女也很难长大成人。父母的恩情是每个人在自己的一生中最需要回报的恩情，因此，不孝的人绝对是忘恩负义之人，所以日常生活中很少有人愿意和不孝的人交往。

有人说："百善孝当先。"其实这么说不够准确，正确的说法是"百行孝当先"。孝敬父母并不是善行而是报恩行为，把孝敬父母说成是行善则几近荒谬。为什么这么说呢？举个例子，当一个人看到父母在路上不小心摔倒了，赶紧过去扶起并送到医院检查治疗时，我们会夸奖这个人真善良吗？显然不会，因为那是他的父母，过去搀扶是天经地义的事情；而当一个人看到一个素不相识的老人在路上摔倒了，仍然能够跑上前去搀扶并送到医院，这才是善良的。再比如，一个人的父母没有饭吃了，子女给送来了饭菜，这种行为是善良的吗？而只有当一个人看到一个陌生人没有饭吃，无私地给这个陌生人吃的和喝的，这才能称为善举。

四、小结

恩德恩德，恩是德，德也是恩，一个人要先感恩父母的养育之恩，懂得知恩图报，然后要懂得施恩不图报，才能更好地立足于社会，受到大多数人的喜爱。

第二节　节制之德

人无法离开社会生活，因此必须遵守社会的准则，而这些社会准则却往往与人的自然需求处于矛盾之中。所以，生活在社会中的人必须节制自己的自然需求。节制是能够调解人与社会之间这种矛盾的美德。

世界的物质财富和资源是有限的，而人的欲望是无限的，所以很多事情需要节制。节制是一种美德，也是人修身养性、保持身体健康的需要，如中国民间流传的吃饭需吃八分饱和佛教的过午不食等。

节制之所以是美德，是因为它体现了理智对欲望的控制，比如，摆在你和其他人面前的只有一盘美食，这时你是一个人吃完，还是自己少吃一点，给别人留一些？如果你可以克制住自己的食欲与大家一起分享，这就是一种节制的美德。

一、节制是美德，也是能力

节制是一种美德，也是一种能力，是一个人的自制能力和自我约束能力的体现。

在这个物欲横流、充满诱惑的时代，一个人要想成功必须有一定的节制能力。网上有个段子是这样说的：天将降大任于是人也，必先卸其 QQ，删其微信，封其微博，收其电脑，夺其手机，摔其 iPad（平板电脑），断其 Wi - Fi，剪其网线，使其百无聊赖。然后静坐、喝茶、思过、锻炼、读书、弹琴、练字、明智、开悟、精进，而后必成大器也。

二、节制与幸福

在生活中，幸福问题是一个永恒话题。在探讨幸福的问题时大家仁者见仁，智者见智。虽然每个人对幸福的理解不相同，甚至相去甚远，但追求幸福的目标却是高度一致的。

亚里士多德认为大多数人能够通过自己的努力找到幸福，并认为人在实践活动中获得的最大的善就是幸福，幸福是人的灵魂和肉体的完美实现，是实践合德性的活动。亚里士多德将人的生活划分为三种：享乐的生活、政治的生活以及思辨的生活即沉思的生活。他指出，一般人或多数人之所以把快乐等同于善或幸福，是因为他们是站在享乐的生活方式上来判断什么是幸福的。享乐的生活只追求肉体的快乐，人的灵魂完全被感性欲望所奴役，是一种动物式的生活方式。政治的生活以追求荣誉与德性为自己的目的，但“对于我们所追求的善来说，荣誉显得太肤浅”。因为，一方面，荣誉是取决于授予者而不是接受者，一切荣誉都来源于他人的承认和授予，具有可剥夺性和外在性，但幸福是一个属己的、不易被拿走的东西；另一方面，一切荣誉似乎都来源于德性，即是说“德性在爱活动的人们看来是比荣誉更大的善，甚至还可以假定它比荣誉更加是政治生活的目的”，但德性这样的一个目的也不是最完善的。第三种生活，即沉思的生活，是好人或有德性的人、有智慧的人都看好并向往的一种生活方式。

在亚里士多德看来，沉思的生活是最为持续的，比享乐的生活和政治的生活都要更为持久，它是最自足的生活，对外界的依赖非常少。沉思的生活是唯一不因他物只因自身而被人们喜爱的活动，它能带给人惊人的快乐，而且纯净而持久，因为它是理性的最高部分“努斯”[①] 的活动。所以，沉思的生活才是属于人的最完善的幸福。亚里士多德认为如若可以，人在摆脱了纷扰的物质需求，拥有了中等财富以后，应该尽量争取过这样的生活。人可以在这种沉思的生活当中获得最大的幸福。

亚里士多德虽然认为智慧的生活即沉思生活的幸福是最好的，他坚持幸福是人的最好的实现活动，但他清楚地知道，这种幸福是带有神的意味的，虽然可以实践，但是并不是大多数人能够达到的。而亚里士多德的幸福论是想要照顾到大多数人，并且以大多数人的善为依归的。所以，亚里士多德还告诉我们这样的信息，合于第二好的德性即道德生活是第二好的，道德生活是完全属于人的生活，它是道德德性的实现活动。这就使幸福不是来自神的，而是通过德性或某种学习或训练而获得，它也仍然是最为神圣的事物。而合德性的生活是大多数人只要努力完善自身便可以实行，便可以获得的生活。实践的幸福，即灵魂的有逻各斯[②]部分的实现活动，对于多数人来说，就在于我们道德实践中生命的合道德德性的活动。合德性的生活与智慧的生活并不是完全不同的，与之相反，按照亚里士多

① 古希腊的“努斯”（Nous）作为一个哲学概念是由阿那克萨哥拉首次引入哲学中来的，并影响了苏格拉底，造成了希腊哲学从自然哲学向精神哲学的一个大转折。努斯的含义是灵魂、心灵，但不是被动的、带有物质性的灵魂，而是能动的、超越的、与整个物质世界划分开来的纯粹精神，是与感性相对立的纯理性。

② 逻各斯是欧洲古代和中世纪常用的哲学概念。一般指世界的可理解的规律，因而也有语言或“理性”的意义。希腊语中这个词本来有多方面的含义，如语言、说明、比例、尺度等。

德的看法，合德性的生活之所以也是幸福，是因为有人的最好德性的实现活动即沉思：努斯与智慧的光透过实践理性投射于道德德性。一个人不依靠自己的努力，就不可能获得幸福。因为幸福是通过学习养成好的习惯而获得的，而不是靠运气获得的。

幸福在于整个灵魂，尤其是灵魂的欲望部分的合德性的活动。没有通过这种活动获得的灵魂的善，就是拥有全部的外在的善也是枉然。而且幸福不在于不确定的东西，不在于一时一事的合乎德性，而是在于一生中的持续的合德性的活动。尽管亚里士多德认为不是到生命终结时才可以下定论，但一个人只有不是在一时一事上，而是在一生中都努力合德性的活动着，才是幸福的。所以，幸福意味持续的，严肃的活动。

德性构成了幸福的灵魂。合乎德性的现实活动是获得幸福的主要途径，而且通过这样的方式获得的幸福是最为坚固而持久的。我们都清楚地知道，幸福不是来自神的恩赐，也不是纯粹是来自机缘的产物，而是对生活的热爱；是通过学习和努力而得的，需要完全的善和一生的时间。

我们都承认所有人都同等地渴望幸福的生活，但是在对于幸福的追求中成功者却寥寥无几。一个相当重要的原因是缺乏来自心灵的坚强力量——节制美德，它可以使人们有能力抵挡住眼前的诱惑，推动人们寻求更长远的利益和享受。

三、如何习得节制美德

（一）明理

节制美德的习得要先明理。其实一个人这一生所消耗的资源是有限的，虽然欲望无限但用度是有限的。中国有句俗话叫：“知足常乐。”孟子亦云：“养心莫善于寡欲。”苏格拉底也说：“我们需要得越少，我们越近似神。”

人们都喜欢吃山珍海味，却不知“醲肥辛甘非真味，真味只是淡；神奇卓异非至人，至人只是常”。人们吃饭的真正原因是什么？就是为了补充能量，维持生命。而吃山珍海味和吃高粱玉米是一样的，都可以补充能量。网络流行的一句话也有一定的道理："一部高档手机，80% 的功能是没用的；一款高档轿车，80% 的速度是多余的；一幢豪华别墅，80% 的面积是空闲的。"只要真的想通了这些道理，就比较容易做到生活有节制了。

（二）学会为他人着想

学会为他人着想，做事就会有节制，我们在做事的时候多替别人想一想，站在别人的角度思考一下问题，那么就会有所节制，不会处处与人相争。

"路径窄处，留一步与人行；滋味浓时，减三分让人尝。此是涉世一极安乐法。"《菜根谭》中还有这样一句话，"人情反复，世路崎岖。行不去处，须知退一步之法；行得去处，务加让三分之功。"

凡事多为他人着想，不要总是想着自己，这样就会对自己的欲望加以节制。这个世界是大家的，我们不能够也不可能独占各类资源，很多东西占得多了，别人就占得少了。

（三）胸怀众生

为什么佛教徒能够遵守清规戒律，甘心过清贫的生活？因为他们以普度众生为己任，甚至有一些苦行僧以苦难来磨炼自己的修为和意志。

胸怀众生是一种大公无私的情怀，能够做到大公无私自然会减少个人私欲的追求，私人的欲望减少了自然就达到了节制欲望的目的。

四、小结

节制既是美德，也是为人之道和养生之道。节制欲望可以减少烦恼，节制饮食可以减少疾病。同时，节制也是一种能力，一种超强的自制能力，一个自制能力很强的人一定是一个了不起的人。

第三节　育德

育德指的是培育德性，培育自身的德性是个人修养的重要组成部分，也是古代君王的治国之道。《周易·蛊》说：“君子以振民育德。”《梁书》中说：“莫不振民育德，光被黎元。”明代的刘基在《菜窝说》中说：“故植之以芷，芷者祉也，引祉莫大乎育德。”

一、育德先育心

育德先育心，心性培育好了，德行自然也好了。心念是人之主宰，是一切行动的方向，若心在这里，此处就是人间胜景。

（一）怀有一颗感恩的心

懂得感恩是做人最起码的修养，拥有一颗感恩的心是一个人成功的基石，也是快乐的根本。如果你看什么都不顺眼，心中充满怨恨，不但你自己的心情不好，别人看到你也会感到厌烦。怀着感恩的心看待世界，那么世界就是美好的，你的心情也是美好的。

人需要感恩的事物实在太多了，如阳光、水和空气这些都值得我们感恩，没有这些我们无法生存；我们还要感谢大地、山川和河流，它们孕育了万物。总之，要感谢大自然，是大自然养育了我们。

一个人能够活在世上，看似简单其实很复杂，除了需要感恩赖以生存的自然环境之外，还要感恩人类本身，首先是你的父母，他们给了你生命；还要感恩你的老师，他们教给了你知识；还要感恩你的领导，他们给予了你支持和帮助……饮水思源，这个世界上需要我们感恩的人和事太多了。

（二）清心寡欲

清心寡欲是指清除杂念，保持内心宁静或清净，少生欲念。利欲熏心、自私自利是人们抛弃道德的主要原因之一，因此清心寡欲可以提高一个人的道德修养。佛教和道教都主张清心寡欲和修身养性，清心寡欲可以使人的潜能和智慧得到充分开发。一个人头脑发热的时候最容易出错，这时人们往往需要静下心来想一想，这说明在内心清净的时候人是更理智的，举止和行为会更合乎道德的要求。

（三）宽广的心胸

沙漠不拒绝每一粒沙子，故能成其无垠之美；高山不拒绝每一颗碎石，故能成其高耸之美；大海不拒绝每一朵浪花，故能成其广博之美。胸怀宽广是培育美德之花的源泉。

心胸宽广本身就是一种美德，如何拥有宽阔的胸怀呢？一是不要斤斤计较，对待事情要看开些。二是不要总用自己的标准去衡量别人，因为你认为美好的别人可能认为不好，你认为好的别人可能认为不好。总用自己的标准衡量别人，其后果就是看谁都不顺眼，因为世界上和你观点完全一致的人真的不多。

二、知识育德

在大多数情况下，知识渊博的人品德也高尚，所以多学知识是培育美德的主要方法之一。古语说得好：“腹有诗书气自华。”可见饱读诗书可以提高个人的素养和品德。因此，人还是多读些书、多学习一些知识为好。

三、文艺育德

人们通常说的文艺指的是文学和艺术。文艺是人们对生活的提炼、升华和表达，它可以陶冶人的情操，是人心灵的养分。人类通过对文艺的提炼和传承，不断地提升自己的文明程度。

文艺在培育个人德行方面也有着不可低估的作用，一个人学习演奏一些乐器或者经常写一些诗歌、散文、小说等对培育个人的品德有很大的帮助。

（一）多看一些弘扬传统美德的文艺节目

当今社会文艺作品质量参差不齐，或者说这个社会有点浮躁，很多人喜欢追求刺激，而不看重作品的内在。所以说人们还是要看一些经典作品，观看文艺节目时要有所选择，多看一些弘扬传统美德的文艺节目。

（二）适当写一些文章

养成经常写诗歌、散文的习惯。写作的过程也是学习和提高的过程，除了写诗歌、散文之外，也可以写一些论文，如果有能力，不妨写一些小说。

（三）学习琴棋书画

学习一些琴棋书画等高雅的事物对个人的品德修养有一定的促进作用。琴棋书画合称“雅人四好”，是古代文人通习的四种基本技能和修养。不过，学习琴棋书画要能学进去才行，要能全身心投入其中才能达到提升个人修养的目的。当一个人全身心专注于某件事的时候，尤其是专心于琴棋书画的时候，就可以进入与禅定相仿的状态。一个人全身心做某件事的时候，那种状态是一种忘我的状态，这种状态可以在激发潜能的同时提升人的思想境界。

四、体育育德

体育运动可以强身健体，使人精神焕发，这对人的身心健康都有好处。毛泽东在《体育之研究》一文中指出：“体育一道，配德育与智育，而德智皆寄于体。无体是无德智也。”“体者，载知识之车而寓道德之舍也。”他对德、智、体三者的辩证关系进行了深刻的阐释和透彻的分析，阐释了三者既是相互渗透的，又是不可分割的。毛泽东又进一步开创性地提出了“体育于吾人实占第一之位置”的观点，更加深刻地说明了体育育德的重要作用。

中国近代教育先驱者和奠基人、著名教育家蔡元培在体育教育方面主张“完全人格，首在体育”的教育观点，他说：“体育最要之事为运动，凡吾人身体与精神，均含一种潜势力，随外围之环境而发达，故欲发达至何地位，既能至何地位。”可见体育对德育的作用。他在谈及体育与德育的关系时，又论证了体育的基础地位："凡道德以修己为本，而修己之道，又以体育为本。"为体育育德提供了有力的理论依据。

中国传统的武术和气功也有育德的作用，传统武术都是重视武德和讲究礼节的，气功也是一样注重道德和思想的修养。练武之人就像军人一样，他们的气质是常人无法获得的。中华武术一向注重武德，习武先习德这是很多习武之人的座右铭。古代的僧人和道士多数是习文练武的，中国传统教育观念也是主张培养文武双全之人，文能安邦和武能定国是古人的理想状态。

五、制度育德

制度育人是指通过规章制度约束人的行为使其符合道德标准，而在个人修养方面为了培育自己的品德可以自己给自己订立一些规矩和处事的原则。制度育人在民间也有应用，如家规、祖训等，历史上也有不少人自己为自己订立了规矩，如陈云曾为自己与家人定规矩：不收礼，不吃请。不迎不送，不请不到。不居功，不自恃。

陈云同志对自己及家人要求很严格。他立下规矩"不收礼、不吃请"，身边工作人员也不得违反。"不迎不送，不请不到"，这是陈云同志去外地视察和休养时，对地方领导同志提出的要求，意在不打扰他们，让他们集中精力抓工作。"不居功，不自恃"，这是陈云同志为人处世的准则。

自己给自己立规矩来约束自己，这样久而久之就成习惯了，习惯慢慢就会变成美好的品德。因此，我们可以给自己定一些规矩和处事的原则，办事有原则的人往往是品德高尚的人。

六、小结

高尚品德的习得并不是一件容易的事情，我们要懂得培育美德。培育出良好的品德可以使我们受益终身。做事先做人，育己需育德，育德需修心，培育美德是一项心灵的修炼，是净化心灵的过程。

第七章　礼

礼，在中国古代是社会的典章制度和道德规范。作为典章制度，它是社会政治制度的体现，是维护上层建筑以及与之相适应的人与人交往的礼节仪式。

礼是律已、敬人的行为，礼的实质是一种尊敬。在长期的人类发展历史中，礼作为中国社会的道德规范和生活准则，在提升人的素质修养中起着重要作用。礼作为素养的外在表现，被人们长期用来衡量一个人的素质高低，比如：看到一个人彬彬有礼，我们会说这个人素质较高；看到一个人很没礼貌，我们会说这人素质较低。

第一节　礼的作用

古人认为礼定贵贱尊卑，《礼记·曲礼上》曰："道德仁义，非礼不成；教训正俗，非礼不备；分争辨讼，非礼不决；君臣上下，父子兄弟，非礼不定；宦学事师，非礼不亲；班朝治军，莅官行法，非礼威严不行；祷祠祭祀，供给鬼神，非礼不诚不庄。是以君子恭敬、撙节、退让以明礼。"

《礼记·曲礼上》还说："鹦鹉能言，不离飞鸟；猩猩能言，不离禽兽。今人而无礼，虽能言，不亦禽兽之心乎？夫唯禽兽无礼，故父子聚麀[①]。是故圣人作，为礼以教人，使人以有礼，知自别于禽兽。"《礼记·

① 聚麀（jù yōu）：本指兽类父子共一牝的行为，后指两代的乱伦行为。聚，共；麀，牝鹿（母鹿）。

冠义》说："凡人之所以为人者，礼义也。礼义之始，在于正容体、齐颜色、顺辞令。"因为有礼无礼是人有无修养，甚至是人区别于禽兽的分水岭，所以孔子本人对礼仪是身体力行的。

一、礼的传统功用

（一）礼的分类作用

礼被制定出来最早是为了划分社会等级。韩非子云："礼者……君臣父子之交也，贵贱贤不肖之所以别也。"礼可以使社会各阶层从事适合自己的工作。通过这样的分工，人们各得其利，社会也处于有序状态。儒家按自己的理念设计了一套等级分明的政治制度，它是儒家"德治"的基础，也是封建统治者统治的基础。

（二）礼的规范作用

儒家极其重视礼在规范人们行为上的作用，并提出"礼治"的口号。儒家认为，人人遵守符合其身份地位的行为规范，便"礼达而分定"，达到孔子所说的"君君臣臣父父子子"的目的，理想的社会秩序便可实现了。反之，弃礼而不用，便"礼不行则上下昏"，儒家所倡导的理想社会和伦常便无法维持。为了不轻易打破这种局面，儒家提倡一种"各安其分"的行为准则：对统治者，礼要求君王效法远古，像尧、舜、禹那样去治理国家和处理家事，大到德治天下，小到进膳更衣，都有一套既定的程序；对于普通百姓，各种繁杂的礼数更是数不胜数：冠礼、昏礼、宾礼、葬礼等，每样都要严格依礼而行。而儒家就是通过这样一套全方位的社会规范体系来实现其教化的。

（三）礼的教化作用

"子以四教：文、行、忠、信。"孔子打破了知识文化自贵族出的惯例，提倡"有教无类"，让更多的平民子弟能够掌握文化知识。儒家非常重视教育在宣扬礼治方面的作用，所以几乎每一个大儒都是伟大的教育家。自汉朝起，五经博士更是成为了地位最高的专职教师。通过建立权威的教育体系，礼深入人心。习礼之人，言行举止都会遵照礼的要求，进退有方，“非礼勿视，非礼勿听，非礼勿言，非礼勿动”。不仅是接受过教育的人，普通老百姓也敬佩这些“有礼”之人，都去积极地学习他们，以懂礼为荣，这种倾向通过私塾和家庭教育一代代传承下去。

儒家思想的重要社会影响在于它为封建统治阶级创造了一整套治理国家的思想理论体系，并让其成功地应用于国家治理实践中，使封建制度稳固地统治了中国两千多年，这在人类社会发展史上都是空前绝后的。

二、礼的现代意义

“古为今用”一直是我们社会得以发展的重要动力，而对于“礼”，只要我们摆脱了其外在陈旧的束缚，追求其内在的人文关怀，必然能够发挥礼对当代中国政治文明建设的补充作用，为构建民主富强的现代中国贡献力量。

（一）礼在调节社会各阶层关系中作用显著

礼的分工作用可以使各阶层各安其位、各得其所，最大限度地调动人们的工作热情。这不仅可以提升人们的幸福感，还可以使国家的政治结构更加稳固。虽然提出儒家礼学的现实原因是迎合君主的统治需要，但抛开这一点，古代封建制度的稳固很大一部分仍要归功于礼。

（二）礼能够提高人民的文化修养

自孔子以来，历代大儒几乎都是杰出的教育家，他们用礼来教育人民，使人们的道德、行为趋于完善。当人们懂礼知礼后，就会对不合理的政治制度提出质疑，并促使统治阶级不断修改方针政策，建立更加适合社会发展的上层建筑。古代人将各种文化知识都糅进礼之中，通过这种潜移默化的礼节教育，让人们在端正自己行为的同时丰富自己的思想。

（三）礼的传承作用

礼是庙堂和民间的处事规范，大家在一个约定俗成的、合礼的框架下交往，人人都依礼行事，正常的社会秩序就不会被扰乱，这种“彬彬有礼”的态度更会影响后人，并一直传承下去。礼是中国对世界文化的独特贡献，我们将最美好的愿望包含在礼之中，向世界人民展示中国的诚意。

三、礼的作用是维护社会秩序

《礼记》的纲领是“礼本于天道”，天地间一切秩序都可以称为礼。从这个层面来说，守礼就是遵守秩序。因此，礼的作用是维护秩序。

人类社会是一个复杂的系统，这个系统的正常运行需要有一个秩序，就像万物运转都有一定的规律一样。如今，维护社会秩序最主要的手段还是法律和规章制度。

除法律和规章制度之外，礼也具有维护秩序的作用。《礼记·曲礼上》云：“夫礼者所以定亲疏、决嫌疑、别同异、明是非也。”“君臣上下，父子兄弟，非礼不定。”

礼有等级制度和伦理道德两个方面的属性。作为等级制度的“礼”，强调的是“名位”，也就是孔子所谓的“君君臣臣父父子子”，伦理道德的“礼”的具体内容包括孝、慈、恭、顺、敬、和、仁、义等。

在礼两个方面的属性中，等级制度为礼的本质，而伦理道德方面的属性则为等级制度的外在显现。

（一）长幼尊卑

中国是以家庭为单位构建的社会，家族和家庭的稳定是社会发展的基础。维护家庭稳定需要一定的秩序，而伦理道德的“礼”就是家庭的秩序。长幼尊卑是家庭和睦的重要保障。在家庭的礼节中，核心是孝敬父母，我国在处理家庭亲子关系时遵从的是“顺亲”和“无违”，而长幼尊卑和尊师重教是从“顺亲”和“无违”的孝道观里面推演出来的。在我国，不尊敬长辈的行为会被视为无礼的行为，千百年来长幼尊卑使我国的家庭得以有序地运行。长幼尊卑的礼节是维护家庭、家族和宗族稳定的一种秩序。这种秩序一旦被打破，家庭、家族和宗族的稳定也很有可能被打破。

（二）高低贵贱

尊老爱幼的礼节体现了家庭成员之间的秩序，在社会上则有高低之分。荀子认为，礼使社会上每个人在社会中都有恰当的地位。然而现在整个社会都在提倡人人平等，那么人与人之间还有高低贵贱之分吗？理论上是没有了，但在礼节上和现实中仍然存在。从本质上说，人确实没有高低贵贱之分，但是职业和地位却有“三六九等”。换句话说就是，抽象层面上的“人无高低贵贱”无法消弭具体层面上的“职分三六九等”。

四、小结

有“礼”走遍天下，无“礼”寸步难行。从全局看，礼有利于社会秩序的维护和社会的和谐，从小的方面看，讲礼有利于个人的发展。知书达礼的人懂得尊重别人，知道礼遇他人，而懂得尊重别人的人也会得到别人的尊重和礼遇。

第二节　礼的实质

义为行动准绳，廉为廉洁方正，耻为有知耻之心。礼仪的实质是维护长幼尊卑、高低贵贱的一种特殊形式，是人们在长期的生活实践中形成的，是约定俗成的规矩。

一、规矩

礼的实质就是公序良俗，是社会中约定俗成的规矩，没礼貌也被称为没规矩。比如：见到师长要问好，逢年过节要祭拜祖先，等等。儒家认为，礼是人生存和繁衍不可或缺的要素。礼是圣人根据天地之理、万物之性，再参酌社会逐渐形成的某些规则和约定来制定的。一个社会的等级秩序、身份认同、交流方式，乃至衣食住行的各种具体仪节，莫不受礼的制约。王夫之把礼从社会人事推广到宇宙万物，认为礼即天地的秩序和规则。

二、敬

“敬”是礼的根本精神，这是千百年来制礼与行礼者的共同认识。《礼记》开篇即说：“毋不敬。”乃至后人在追溯礼学精神时也认为：“经礼三百，曲礼三千，可以一言以蔽之曰：‘毋不敬。’”关于“敬”与“礼”，徐复观先生在答复日本加藤常贤博士的信中指出：“礼之中，必含有敬之精神状态。然敬字之本身，已有演变。敬之原义，或同于向外警戒之‘警’。但周初所流行之敬，已多系指内心之敬慎而言。敬与礼相结合，亦由逐渐演变而来。且多出于以敬要求礼，防止礼之太过；并非认为‘敬系礼之所自出’。亦非谓礼与敬之观念，系同时存在。周初所谓敬，其目的在对于其所敬之对象求能相‘通’。敬天所以求自己之精神能通于天；敬事所以求自己之精神能通于事；敬民，所以求自己之精神能通于民。”徐先生所强调的是人们对于敬的对象的尊重，特别是内在的精神感通。由此可见，礼以敬为主，敬是礼的核心，它是一种庄重严肃的心理，是对待人际关系和社会关系的一种认真诚实的态度。“敬”在礼的实施过程中，虽然表现在人们言行举止的方方面面，但它所折射的却是行礼者内心的真实情感。儒家一贯重视“敬”与“礼”的关系，并且强调真正的“敬”必须以发自内心的情感为基础，不能流于形式，装模作样的敬算不上真正意义上的恭敬。

三、礼仪是伦理规范

礼是伦理的具体化，伦理的处理对象为人与人、人与社会以及人与自然间的相互关系；而礼仪的处理对象为人际交往。伦理的处理对象比礼仪更广泛和抽象。礼仪是最起码的伦理规范，具有重要的伦理功能。

（一）以礼“引”德

礼仪作为一种基础性的行为规范，可以引导人们加强道德修养。在“仁、义、礼、智、信”这些基本的道德规范中，礼是很重要的范畴；在人的行为规范中，礼仪是基础性规范。人如果没有礼，就谈不上道德修养。从人的一生来看，最初接触的行为规范就是“礼”和“礼仪”。人出生后，首先教给他的是简单的礼仪知识和规范：在待人接物方面，要恭敬、谦逊、礼貌；在仪态仪表方面，要端庄、文雅。这是人生的第一堂德育课。此后，人们才学习善良、宽容、诚实这些道德品质。这就是以教“礼”为基础，引导人们加强道德修养，提高道德素质，逐渐成为有道德的人。

（二）以礼“显”德

礼仪作为一种道德精神的外在形式，可以“显现”人们的道德水平。礼仪可以展现一个人的道德素质，从他的仪态和行为中，可以体现出对“礼”的价值的认知水平。礼仪和伦理，实际上是一种现象和本质的关系，在社会生活和交往中，总是通过“礼仪”来显现“伦理”的修养，显现一个人内在的道德素质。人的道德素质是沉淀在内心世界的，但是，它可以通过人的礼仪行为表现出来。所以，观察一个人的仪态仪表、行为举止，往往可以了解他内心的道德世界，包括道德认识、道德倾向和伦理精神，从而评价他的道德水准。

（三）以礼“保”德

礼仪作为一种操作性强的道德规范，可以“保证”伦理原则的实施。礼仪这种规范和准则的操作性很强，可以用语言、文字、动作进行准确的描述和规定。礼仪是待人接物的道德规范，也是保证“礼”的实施的基本条件。我们选择适合“伦理”内容的“礼仪”，就可以贯彻“伦理”的内助之贤[①]精神；选择适合道德原则的“礼仪”，就可以把道德原则的要求按照“礼仪”的方式组织起来，落实到人们的行动上。礼仪教育和训练，可以帮助人们增强内心的道德信念，掌握正确的行为准则，在社会交往中以礼待人，从而保证道德原则的实施。

四、礼是一种和谐

礼仪是指人们在进行社会交往中相互交流情感信息时所借助的某种原则和方法的综合，它与一定的社会风俗、习惯相联系，反映着社会的文明程度，既具有稳定社会秩序、协调人际关系的功能，又是人们表达情感的惯用形式。它源于中国几千年的“和”文化。“和”作为中国古代哲学的重要范畴，指事物存在和发展的一种基本状态以及人与人之间的良好关系。在长期的历史发展中，我国形成了繁多的仪式，还形成了区别尊卑等级、协调人际关系的礼节规则，有了内容比较完备的礼仪体系。透视这浩瀚的礼仪体系，无论是做人之道、从业之道、治国之道，还是日常行为的规范、人际关系的协调、社会秩序的稳定，都包含着最为关键的要素，即“和谐”。

礼仪文化使人类的社会交往在一定规范内进行，使社会关系更趋和谐。无论是从宏观还是从微观的角度来看，礼仪文化在传承的过程中，对于社会的和谐发展以及个体更好地适应社会生活都有着十分重要的意义。因此，无论是从礼仪文化的本质，还是从其发挥的功能来看，以“和”为中心的礼仪文化建设与“构建社会主义和谐社会”的理念是不谋而合的。在新的形势与社会背景下，礼仪文化建设既要汲取、继承传统文化中的精髓，也要寻求创新性的发展。

---

① 内助之贤，出自《宋史·后妃传上·序》：“内助之贤，母范之正，盖有以开宋世之基业者焉。”意为妻子能够帮助丈夫，使丈夫在事业、学业方面有进展，提升丈夫在社会上的地位。

五、小结

礼是人们在社会的各种具体交往中，为了表示互相尊重而体现在语言、仪态、风度等方面的约定俗成的、共同认可的规范和程序。人们都会愿意和一个有礼貌的人交往，他找别人办事也容易一些，因此，有人说礼仪是人际交往的通行证。

在欧洲，“礼仪”一词最早见于法语的“etiquette”，原意是“法庭上的通行证”。

作为法庭，无论是在古代还是在现代，为了展现司法活动的威严性，保证审判活动能够合法有序地进行，总是既安排得庄严肃穆，又要求所有进入法庭的人员必须十分严格地遵守法庭纪律。例如，按照《中华人民共和国刑事诉讼法》和《中华人民共和国人民法院组织法》等法规的规定，为了保证法庭的特有气氛和特殊秩序，开庭之前应由书记员当庭宣读法庭纪律。这些纪律包括：不准大声喧哗，未经审判长许可不准提问，未经法庭许可不准摄影、录像，等等。

古代的法国法庭也有类似的规定，不过它不是当庭宣读，而是将其写在或印在一张长方形的通行证上，发给进入法庭的每一个人，作为其入庭后必须遵守的规矩或行为准则。

由于在社会交往中，人们也必须遵守一定的规矩和准则，才能体现人之所以为人的特有风范，才能保证文明社会得以正常维系和发展，所以，当“etiquette”一词进入英文后，便有了“礼仪”的含义，意即“人际交往的通行证”。后来，经过不断的演变和发展，“礼仪”一词的含义逐渐变得明确起来，并独立出来。

第三节　礼与人生

孔子教育儿子孔鲤“不学礼，无以立”，还教育自己最得意的弟子颜渊“非礼勿视，非礼勿听，非礼勿言，非礼勿动”。荀子说：“人无礼则不生。”“礼者，人道之极也。”

一、成也礼，败也礼

礼的重要性在某些情况下能够放大到出乎意料的程度，可以说是成也礼，败也礼，它可以杀人于无形，也可以救人性命。

下面给大家讲一个因为懂礼而获救的现代小故事：

故事发生在南方某个小城市的一家肉类加工厂，李女士是这家加工厂的库房管理员。有一天，下班后李女士准备回家时忽然想起来上午检查冷库时发现有一件货物的标签掉了应该补贴上去。于是她带上标签，来到冷库进去贴标签。这时有一位主管路过冷库，他发现冷库门没锁，以为是库房管理员下班时忘记锁门了，于是顺手就把冷库门从外面给锁上了。李女士在冷库里贴好标签准备出来时发现门被人从外面锁上了，这可把她吓坏了，冷库里面不但温度低，因为密封好，一旦关上门里面的空气也很稀少，长时间被关在里面必死无疑。她知道在冷库里喊叫，外面根本听不见，而且已经下班了厂子里人很少。出于求生的本能她不停地敲打着冷库的门，希望有人路过时能够听见。大约过了一个小时，冷库里的空气越来越稀薄，李女士感觉越来越冷，她几乎绝望了。她用尽最后的力气敲打着冷库的门，歇斯底里地喊叫着“谁来救救我啊”，喊完之后在绝望中晕倒了，但在她晕倒的瞬间冷库门开了。

是工厂的门卫带人打开了冷库的大门，事情的缘由是这样的：打开冷库大门的门卫姓张，张师傅在工厂看门很多年了，工人们每天从他面前进进出出，李女士是唯一一个每天早上向他问好并在下午下班时跟他道别的人。今天，李女士进门时跟他说过“你好”，可是下午下班时一直没出现。一直到下班一个小时后值夜班的门卫来换班了，张师傅还是没见到李女士出来。张师傅感觉似乎有什么不对，换完班后他没有直接回家，而是鬼使神差地到工厂里转了一圈，当他转到冷库门口时听到里面有动静，他想是不是李女士被锁里面了啊，于是他找人打开了冷库的门发现了晕倒在冷库里的李女士。

门卫救了库房管理员的故事看似偶然，也有其必然性。如果不是李女士每天上下班都和张师傅打招呼，张师傅根本不会注意到李女士有没有离开工厂，更不会因为李女士没有出厂门而感到一种莫名的不安。与其说是门卫救了李女士，不如说是李女士对门卫的尊敬和礼貌救了她自己。

二、礼仪对人生发展的重要性

（一）礼仪是人类社会的“游戏规则”

在社会化生存环境中，一个人如果离开与他人的交往和联系则几乎无法生存，有序的人际交往需要遵守一定的规则和秩序，俗话说：“没有规矩，不成方圆。”礼仪作为人类社会在漫长的社会交往实践中逐渐形成和积累下来的约定俗成的习惯、规矩和准则，是现代社会人际交往中首选的也是应该和必须遵循的，这是人际交往的常识，也是每个人顺利融入社会群体的必修课。就如体育运动，运动场里有既定的游戏规则，每个人必须严格遵守，否则就会被逐出场地，礼仪则是社会活动的基本游戏规则。

（二）礼仪是机遇的“敲门砖”

有记者曾邀请海尔的首席执行官张瑞敏总结自己的成功秘诀，他毫不犹豫地答道：“简单地说只有三条：一人际关系，二人际关系，三人际关系。”这足以看出，人际关系是走向成功的关键一步，而要想建立良好的人际关系，有一定的礼仪修养是必不可少的。

无论是从立足社会的角度还是从追求成功的角度，每一个人都应该意识到与他人合作共处的意义和价值。而在交往中努力养成尊重他人的良好习惯，自觉规范自己的言语和行为是决定一个人能否融入周围环境的关键。正如中国有句老话所说的“要想做事，先学做人”，强调的也正是这个道理。据说新东方教育创始人俞敏洪在北大上学期间养成了一个习惯：每天为宿舍打扫卫生，每天拎着水壶为宿舍的同学打水。这一干就是 4 年。俞敏洪做这件事，也并不是想要回报。但是 10 年以后，新东方已经做到了一定的规模，需要找合作者，于是他跑到了美国和加拿大去寻找大学同学。后来那些同学回来与他合作。同学们给了他一个意外的理由：“我们回来是冲着你过去为我们扫了四年的地，打了四年的水。”俞敏洪的这个好习惯为他赢得了同学的心，给他带来了志同道合的创业伙伴。

三、有“礼”走遍天下

俗话说：“礼多人不怪。”礼貌待人是社会交往的行为规范，是个人修养的最直接表现。任何一个国家和民族都对文明礼貌十分注重。一个缺少礼貌的人，必然会受到别人的讨厌和排斥。

曾有一个城市女孩到乡下办事，中途迷路了。女孩心情焦急，四处张望。不一会儿，她看到一个老大爷迎面走来，女孩急切地问道：“喂，去李村怎么走？还有多远？”老大爷一看这姑娘打扮得挺漂亮，但一点礼貌也没有，就不耐烦地回答：“去那边，还有六拐杖！”女孩听到“六拐杖”，不是很明白，便说：“路不是论‘里’吗，怎么论‘拐杖’了？”老大爷不慌不忙，说道：“论‘里’？论理你该叫我‘大爷’。”女孩一下子醒悟了，刚刚因为心急所以忘了礼貌，赶紧给老大爷赔礼认错。老大爷见女孩是因为着急才失礼，就不再追究，还很详细地给女孩指出了去李村的路。

中国自古就有“有理走遍天下，无理寸步难行”的谚语，这里的“理”未尝不能改成“礼”。从上面这个故事就可以看出，没有礼貌的人会举步维艰。不仅如此，无“礼”的习惯对以后的工作也是有百害而无一利的。

有两个即将毕业的女大学生，她们长得很漂亮，穿着打扮也过得去，就是缺乏文明礼貌。一天，两个人去找一个在公司里实习的同学。同学工作的地方是一间宽敞的办公室，里面有七八个人一起办公，平时大家为了避免影响对方，交流和打电话时都尽量压低音量。没想到，这两个女学生一进这个办公室就好像进入无人之境，大声呼喝。众人都用异样的眼光看着这两个人，显然他们心中都觉得这两个学生的言谈举止太无礼。在这里实习的那位同学也因为自己同学的行为而觉得十分尴尬。

“礼貌”就是一个人的名片，有礼貌的人到处都会受到人们的欢迎。

礼貌不礼貌，看似小事，可有时会直接影响到大事的成败。所以我们在日常交往中一定要礼貌待人。

在日常交流中，说话要充分表达自己的意思和情感，但这个目的却不是靠声高来实现的，而是靠语气的得体而达到的。虽然说“理直”就“气壮”，但有理也要有礼，有理不在声高。有理再加上得体的语气，才会有“情通理达”的效果。所以，把握好说话语气的分寸，对任何人来说都是非常重要、非常必要的。语气在和别人谈话中有着重要的作用，有的人说的话，对方容易接受、愿意接受；有的人说的话，对方就不容易接受、不愿接受或者很难接受。这其中的原因，大多是由语气的不同造成的。一句同样的话，如果用不同的语气来说，就会起到不同的，甚至是相反的效果。

四、小结

因为人们有敬畏之心，所以产生了礼。人们敬畏神灵，所以以礼来侍奉神灵。人们敬畏权力的同时也渴望自己获得权威，所以拥有至高权力的人制定了礼。经过千百年的延续，礼的概念深入了人们的骨髓，尽管每个人都有个性，但是我们都要遵守礼，并维护和执行礼，这样才能适应这个社会，才能使我们的人生更美好。

第四节　如何做到有礼节

一、自律

在这个世界上，有很多条条框框束缚着人们，社会上有太多的规矩需要大家去遵守，礼节就是大家要遵守的条条框框之一。自律就是要随时警惕自己不要去做失礼的事。古语有云：“非礼勿视，非礼勿听，非礼勿言，非礼勿动。”要做到这“四勿”，就必须“克己”，也就是要随时注意约束自己，克服种种不良习惯，战胜自我。

人们常喊“自由、平等、民主”，事实上这只是人们的美好愿望。就拿自由来说吧，现在的自由是相对的，而绝对的自由目前社会无法实现，当今社会还没有哪个人说我自己想干什么就干什么，谁也管不着。再说说平等，子女和父母能平等吗？不能。子女生下来就欠了父母的生养之恩。最后说说民主，完全的民主也是不存在的，我国实行的就是少数服从多数的民主集中制。

虽然我们大家都渴望完全的自由，但是如果大家都随心所欲也是不行的，没有一定的秩序和规矩社会真的会乱套的。人们只有按照一种合理的秩序互相帮扶地生活才会使生活更加美好。因此，人们制定了很多法律法规，同时在长期生活中形成了很多公序良俗。其中，礼节是要求人们遵守长幼尊卑的公序良俗，这一秩序的维护靠的是公众舆论和自觉遵守。能够自觉遵守这一秩序的人会被看作有礼貌的人，反之，则会被认为是无礼之人。

（一）仪表自律

穿着整洁、仪表大方和举止端庄是一种对他人的尊重，一个人自己在家里的时候穿着打扮可以随便一些，可以不修边幅，但是当你面对他人的时候一定要以整洁的面貌出现，这样会给别人留下好的印象，也是对他人的尊敬。

（二）行为自律

一个人的一举一动也需要自律，中国人认为不雅的动作和不当的行为是对别人的不尊敬，所以，人们常说要“站有站相，坐有坐相”。个人行为自律的较高境界是达到中国传统文化所说的“慎独”，就是在没人的时候仍然严格要求自己的行为。

二、尊敬他人

礼节的实质是一种尊重。各种类型的人际交往活动都是以相互尊重为前提的，要尊重对方，不损害对方利益，同时又要保持自尊自爱。尊敬长辈和领导是天经地义的事情，尊重同等身份的人是一种本分，尊重比自己身份低下的人是一种美德，尊重所有的人则是一种修养。

要想做到处处尊敬他人，关键是要怀有一颗尊敬他人的心。我们要放下架子以平常心视人，不管那个人的地位如何，他都是你尊敬的对象，只有意识到人人在你眼中都是平等的，才有可能做到尊敬所有人。

三、懂人情，知世故

人情世故是指为人处世的方法、道理和经验，礼尚往来是人情世故的重点内容之一，我们一定要懂得人情世故。有些有才华的人，他们才高八斗、学富五车，最后却穷困潦倒；而许多并没有什么才华的人却能功成名就、春风得意，原因就是他们能力一般但是精通人情世故。我们经常会看到，在一个单位里那些能力一般的人升迁却很快，而有些能力较强的人反而不得提拔，怀才不遇，时常会有人抱怨说你看某某人什么本事没有还当了领导，事实上没人能够随随便便成功，通常情况是，没才华的人更懂人情世故，因为才华不足所以他们更谦虚一些，而有些才华横溢的人往往恃才傲物，甚至有些人对人情世故不屑一顾。

对人情世故运用纯熟的人，哪怕能力差一些，还是大有希望获得成功的。只要你稍微动脑想一想，就能想出很多身边的事例。你会发现，真正的聪明人做人做事恰到好处、滴水不漏，不仅收获了实利，也落下了美名；而有的人则不懂人情世故，虽然不少帮别人的忙，却没有一个人说他好，反而树立了不少敌人在身边。

生容易，活容易，生活不容易。每个人都必须面对残酷的竞争。因为不懂人情世故，历史上很多立下汗马功劳的功臣名将，最后落了个被诛杀的下场——他们没有倒在敌人的剑下，却冤死在自己人的手中。

四、识大体，明伦理

“礼”与“理”密切相关，不可分割。有时候，无“礼”则无“理”，少“理”则失“礼”。人要做到待人接物有礼节，很重要的一条就是要

“识大体，明伦理”。

（一）识大体

识大体是指懂得事情的要领或有关大局的道理，识大体就是做事说话要符合自己的身份和地位，不能为自己的职业或是家族抹黑。要顾全大局，不能想当然地为所欲为，做事多为集体和大局着想。

（二）明伦理

伦理纲常本身就是礼所要维护的，明伦理是守礼的基础。我们要明白人与人以及人与自然的关系和处理这些关系的规则。如“天地君亲师”为五天伦，又如君臣、父子、兄弟、夫妻、朋友为五人伦，忠、孝、悌、忍、信为处理人伦的原则。

不过伦理观也是与时俱进的，古代的三纲五常有一些东西是用来愚民的，比如对君王的愚忠，而现在已经没有君王了。除此之外，还有其他一些糟粕要一并去除才行。

五、小结

有礼节是人类文明的外在表现形式之一，生活在这个社会如何表明你是文明人？体现在礼节上。识大体，明伦理是文明生活的重要组成部分。

第八章　义

义的繁体字是“義”，从我、从羊。“我”是兵器，又表示仪仗；“羊”表示祭祀品。意义为我的威仪，合宜的道德、行为或道理，有义德之美。

义是一种含义极广的道德范畴，本指公正、合理而应当做的。管子最早提出了“义”，在《管子·牧民》中提到：“四维不张，国乃灭亡。”“何谓四维？一曰礼，二曰义，三曰廉，四曰耻。”孟子则进一步阐述了“义”，他认为“信”和“果”都必须以“义”为前提，他在《孟子·离娄下》中提到：“大人者，言不必信，行不必果，惟义所在。”“君子喻于义，小人喻于利。”

第一节　何为义

古人认为礼定贵贱尊卑，义为行动准绳，廉为廉洁方正，耻为有知耻之心。随着时间的推移，义的含义渐渐模糊了，它几乎成为了正确行为的代名词，人们认为好人好事就是义，坏人坏事就是不义。现在可以用四个“凡是”来定义它：凡是对别人有益的事情都是义，凡是对别人不利的事情都是不义；凡是舍己为人的都是义，凡是损人利己的都是不义。

一、义靠舍得

义自舍中取，义是从舍弃或牺牲自我中取得的，人生经常会面临选择，而选择义就要舍得放弃某些东西才行。正如《孟子·告子上》中所言："鱼，我所欲也；熊掌，亦我所欲也。二者不可得兼，舍鱼而取熊掌者也。生，亦我所欲也；义，亦我所欲也。二者不可得兼，舍生而取义者也。"

舍己为人谓之义，要想做到义，先要能够领悟舍得的真谛。"舍得"二字浓缩了智慧的精髓，中国人讲的"舍得"，既含有"大方""乐于付出""慷慨给予"等意义，同时还有更深刻的内涵，即贫富乐忧，皆在取舍之间。人生在世，成也取舍，败也取舍。善取舍为智者，大舍大得，小舍小得，不舍不得。舍中有得，舍即为得。舍之于物，得之于心；舍之于利，得之于义。

《战国策·齐策》中记载了《冯谖客孟尝君》的故事，故事中记叙了冯谖为巩固孟尝君的政治地位而进行的种种政治外交活动（焚券市义、谋复相位、在薛建立宗庙），表现了冯谖的政治识见和卓越才能——善于利用矛盾以解决矛盾。其中"焚券市义"就充分地体现了义是从舍中取得的道理。

齐国有个名叫冯谖的人，穷得没法养活自己，托人请求孟尝君，说他愿意在孟尝君家里当个食客。孟尝君问："您有什么优点?"冯谖回答说："没有什么优点。"又问："您有什么才能?"回答说："没有什么才能。"孟尝君笑着接受了他，说："好吧。"

孟尝君身边的人以为孟尝君看不起冯谖，便拿粗劣的饭菜给他吃。过了不久，冯谖靠着柱子弹他的剑，唱道："长剑啊，回去吧！吃饭没有鱼。"下人把这情况告诉孟尝君，孟尝君说："给他鱼吃，按照门下的食客那样对待。"过了不久，冯谖又弹着他的剑，唱道："长剑啊，回去吧！出门没有车。"下人都笑话他，并把这情况告诉孟尝君，孟尝君说："给他准备车，按照门下坐车的客人一样对待。"于是冯谖乘着他的车，举着他的剑，去拜访他的朋友，说道："孟尝君把我当作客人看待了。"这以后不久，冯谖又弹着他的剑，唱道："长剑啊，回去吧！在这里没有办法养家!"下人都厌恶他，认为他一味贪求不知满足，孟尝君问道："冯先生有什么亲人吗？”答道：“有个老母亲。”孟尝君派人给她吃的用的，不让她缺少什么。于是冯谖再也不唱歌了。

后来孟尝君出了一个通告，询问家里的食客们：“谁熟悉会计工作，能替我到薛邑去收债吗？”冯谖在通告上签名，写道：“我能。”孟尝君看了感到奇怪，说：“这签名的是谁呀？”手下说：“就是唱那‘长剑啊，回去吧’的人。”孟尝君笑着说：“客人果真有才能啊，我对不起他，以前不曾接见他。”便特意把冯谖请来接见他，向他道歉说：“我被一些琐事搞得很疲劳，被忧患缠得心烦意乱，生性又懦弱愚笨，陷在国事家事之中，不得脱身与先生见面，得罪了先生。先生不以我对您的怠慢为羞辱，还有意替我到薛邑去收债吗？”冯谖说：“愿意替您做这件事。”于是准备车马，收拾行李，载着债契出发。告辞的时候，冯谖问：“债款收齐了，用它买些什么回来？”孟尝君说：“看我家里缺少什么东西就买些回来。”

冯谖赶着车到了薛邑，派官吏召集应该还债的老百姓都来核对债契。债契全核对过了，冯谖站起来，假托孟尝君的命令，把债款赐给老百姓，随即烧了那些债契。老百姓们欢呼万岁。

冯谖马不停蹄地赶车回到齐国都城，大清早就求见孟尝君。孟尝君对他回得这么快感到奇怪，穿戴整齐来接见他，说：“欠款收齐了吗？怎么回得这么快呀？”冯谖答道：“收完了。”孟尝君问：“用它买了什么回来？”冯谖说：“您说‘看我家所缺少的’，我认为，您府里堆积着珍宝，猎狗和骏马充满了牲口圈，美女站满了堂下，您家所缺少的只是‘义’罢了。我私自用债款给您买了义。”孟尝君问：“买义是怎么回事？”答道：“现在您有个小小的薛，不把那里的人民看作自己的子女，抚育爱护他们，反而趁机用商人的手段在他们身上谋取私利。我私自假托您的命令，把债款送给了老百姓，随即烧了那些债契，老百姓高呼万岁，这就是我给您买回的‘义’啊。”孟尝君不高兴地说：“好吧，先生去休息吧！”

过了一年，齐王对孟尝君说：“我不敢用先王的臣子做我的臣子。”孟尝君便到他的封地薛邑去。离那里还差一百里路，老百姓就扶老携幼，在路上迎接他。孟尝君回头看着冯谖说：“先生给我买的‘义’，今天算是见到了。”

故事中冯谖用别人欠下孟尝君的债务为孟尝君换回了义，这个故事告诉我们，其实义也是一种利，而且是长远的利益。

利是人的物质追求，义是人的精神追求，义是一种精神利益。

二、义是利之源

利在义中生，义是利之源。清朝道光年间黟县商人舒遵刚说：“圣人言，生财有大道，以义为利，不以利为利。”钱，如同泉水的流动，而义，是泉的源头。有了义这个源头，泉水才会流淌不息。狡诈求财，是自已塞上了泉的源头。取不义之财，是断了自己的财源。

人都知道奢侈是过错，却不知道吝啬同样是过错。因吝啬而不义，会断绝了自己的利。所以，行义，可以增加财源；行不义，只会断绝财路。

三、义是行动准绳

《管子·牧民》说：“国有四维……一曰礼，二曰义，三曰廉，四曰耻。”顾炎武说：“礼义，治人之大法；廉耻，立人之大节；盖不廉则无所不取，不耻则无所不为。”礼是道德规范，要相互仁爱；义为行动准绳，要见义勇为；廉为廉洁方正，要以身示范；耻为有知耻之心，要守住底线。总的来说，要有礼节，讲道义，尚廉洁，知羞耻。

义作为一种行为的准绳，和公序良俗一样具有维护社会秩序的功能。中国从古至今都在维护这个行为准绳，例如，人们常常用“多行不义必自毙”来警告大家不要做不仁不义的事情，要匡扶正义。义是行为准绳，那么匡扶正义就是对这个准绳的维护。无独有偶，在古希腊也有类似的思想，在前苏格拉底时期的古希腊语境中，“正义”主要被看作一种宇宙的普遍秩序或维持这种秩序的平衡性力量。

古代行军打仗讲究的是兴仁义之师，就是说要出师有名。要兴正义之师，以伸张正义、禁乱除暴为目的，合义而战，不义则止，“故兵者，所以诛暴乱、禁不义也”。

凡是符合道义的事情都是可以做的，有的时候还需要坚持不懈地去做。历史上有很多人为了正义的事业不惜抛头颅、洒热血也要坚持做到底，就像在抗日战争和解放战争中牺牲的人民英雄。

四、合宜

义者，宜也。“义”有适宜、应当、合理之内涵，不仅指行为、人心与“理”之合宜，还指与时间、空间的契合。“义”是人内心对道德规则、理性及当前语境的综合考虑。合宜，不是一种概念推演上的逻辑必然，是在变化着的环境中的行为的适中和情感的合度。道德规范是普遍的，但事情是具体的、千变万化的，所以，在具体生活中，总是需要我们能够做出此时此刻的道德判断。这就需要我们培养一种普遍性的合宜的品质，即“以义应变”。

春秋时期的管仲和鲍叔牙是好朋友。起初，管仲和鲍叔牙合伙做买卖。管仲家里穷，出的本钱没有鲍叔牙多，可是到分红的时候，他却要多拿。鲍叔牙手下的人都很不高兴，骂管仲贪婪。鲍叔牙却解释说：“他哪里是贪这几个钱呢？他家生活困难，是我自愿让给他。”有好几次，管仲帮鲍叔牙出主意办事，反而把事情办砸了，鲍叔牙也不生气，还安慰管仲，说：“事情办不成，不是因为你的主意不好，而是因为时机不好，你别介意。”管仲曾经做了三次官，但是每次都被罢免，鲍叔牙认为不是管仲没有才能，而是因为管仲没有碰到赏识他的人。管仲曾经带兵打仗，进攻的时候他躲在后面，退却的时候他却跑在最前面。手下的士兵全都瞧不起他，不愿再跟他去打仗。鲍叔牙却说：“管仲家里有老母亲，他保护自己是为了侍奉母亲，并不真是怕死。”鲍叔牙替管仲辩护，极力掩盖管仲的缺点，完全是因为爱惜管仲这个人才。管仲听到这些话，非常感动，叹口气说：“生我的是父母，了解我的是鲍叔牙啊！”

管鲍之交中的鲍叔牙是“以义应变”的典范，而管仲则深深领悟了义是合宜的道理。在一起做生意时，鲍叔牙面对管仲出资少却要多分钱的行为，以宽厚仁义之心原谅了他并为他开脱，这是以仁义之心应对了管仲的不义行为。管仲每次打仗都冲锋在后、逃跑在前实属不义的行为，不过从今天的角度来看，春秋时期的战争都是为了诸侯国之间争夺地盘，说不清战争的性质是不是正义的，这样看来管仲为了孝敬父母而贪生怕死也无可厚非。假设管仲勇敢地在战争中死掉了，那么也就没有后来的辅佐齐桓公称霸诸侯的事了。管仲也有自知之明，他也知道自己多分钱和贪生怕死不是什么光荣的事情，但是他要多分钱是因为鲍叔牙比较富有而他家境贫寒。对于鲍叔牙来说，少分点钱没什么，而对于管仲来说，多分点钱则可以改善一下他家的贫穷状况，最重要的是鲍叔牙不与他计较这事就是合宜的，而不是不义了；打仗时管仲如果牺牲了，则家中老母无人奉养是为不孝，因而其冲锋在后、逃跑在前也是合宜的，所以说管仲懂得义是合宜。

荀子说："义，理也。"他认为君子应"以义变应，知当曲直故也。诗曰：'左之左之，君子宜之；右之右之，君子有之。'此言君子以义屈信变应故也"。王先谦注曰："'以义变应'者，以义变通应事也。义本无定，随所应为通变，故曰'变应'。"就是说君子要根据义来随机应变，该伸则伸、该曲则曲。

五、小结

义的本质是牺牲个人利益满足他人利益，从某种意义上讲，义是一种无私的行为；不义则是一种自私的行为，是损害他人利益满足自己利益的行为，不义也是损人不利己的。总之，不义是损害他人或集体利益的，义能为他人带来利益或使集体受益。

第二节　义与忠、孝、节、义

一、义与忠的关系

《忠经·天地神明章第一》中说："忠也者，一其心之谓矣。"忠，是尽心竭力地履行义务的美德。

忠者，德之正也。从字形可以看出：忠，存心居中，正直不偏。古以不懈于心为敬，故忠从心；又以中有不偏不倚之意，忠为正直之德，故从中声。《说文解字》中讲：“忠，敬也，尽心曰忠。”竭诚尽责就是忠的表现。

忠是一种始终如一、没有二心的美德，但是忠也有缺陷，因为愚忠的存在。例如：对清朝忠心耿耿的张勋，在清朝大势已去的情况下还复辟帝制，拥戴末代皇帝重新登基。从忠的角度看张勋是大忠之人，他比那些在清朝鼎盛时期的忠臣还伟大，是真正的忠，是真正的始终如一和永无二心。可是他的行为却成为了历史的笑话，不过人们并不是像痛恨袁世凯那样痛恨张勋，张勋最后也算是得了善终。据说 1923 年 9 月 11 日，张勋因病在天津逝世，终年 69 岁，溥仪赐谥“忠武”。张勋逝世后，政界人士和文化名流纷纷致电哀挽，祭文、哀诗和挽联不计其数，或敌或友，不同政治立场的人几乎都对其孤忠大加赞美，后来他的家属在门生故吏的帮助下，专门编辑了一本《奉新张忠武公哀挽录》。张勋灵柩经过几番周折，运回了老家江西奉新安葬，无数赣籍百姓自发相送，成为当年江西地方上最为轰动的大事之一。

忠分为两大类，一是对人或组织的忠诚，二是对某项事业的忠诚。例如我们常说的忠于革命忠于党，忠于革命是对革命这一事业忠诚，而忠于党是对组织的忠诚。无论是对人还是对事的忠都可能存在一个问题，就是假设你忠于的人或组织要求你去做不义之事你怎么办？如果你不去做就是不忠，而你去做了就是不义，这就是忠的缺陷和先天不足之处。忠的先天不足要靠大义来弥补，就是效忠于谁和效忠于什么事情之前先用义来衡量一下，看看值不值得你去效忠。先哲认为，忠这一道德范畴也应该合乎“义”，不合“义”的忠反而有可能危害社会，比如对坏人的忠诚和对错误观念的忠诚就不会对社会带来什么好处。

二、义与孝的关系

孝是关于家庭伦理的，义则涉及社会伦理道德。当孝义关系一致时，我们为实现孝和义应该有舍弃个人利益的觉悟，如梅州孝女彭彩金她放弃回到亲生母亲的身边过富裕的生活，而选择了用稚嫩的肩膀担起了家庭的全部负担，悉心照顾老弱病残的养父母。那么当孝与义发生冲突时又应如何抉择呢？在《论语·子路》中记载了这样一个事例，父亲偷了羊，儿子指认其父。孔子认为儿子指证自己的父亲是偷羊人，这违背和无视了人的自然本性和人性。孝是人性的根本，当家庭责任与社会责任发生冲突的时候，孔子认为应根据当时的情境做出前者优先于后者的决定。而荀子给出了更加理性的判断和选择，即坚持“义”并提出了“从义不从父”的观点。

在家我们作为子女要孝顺父母长辈，出门在外要以晚辈之礼敬重长者，这是我们必须遵守的基本伦理道德。当父母的命令和所作所为不符合“义”、与“义”发生了冲突时，那么我们遵从“义”而不盲目地顺从父母就是最高的道德。真正有道德的人应该坚持善的选择，坚持“义”，盲目地听信顺从父母长辈并非真“孝”，在孝与义面前能够明辨是非，真正将“义”作为行为的最高最终的标准，并及时纠正父母长辈的不当之举才是真正的“孝”。孝这一伦理范畴适用于家庭伦理中，孝处理的是家族、家庭之中的关系。如孝之行为违背了“义”，则应该以义为标准，不合“义”的孝行要舍弃，不然就是愚孝，即没有遵循“义”行事，此孝行也未必有好结果。因此，人的任何伦理行为都要符合“义”，如不合“义”则会成为不德之为。

三、义与节的关系

节是指一个人在政治、道德上的坚定性。这种坚定来自崇高的理想、坚定的信念以及长期的修养磨炼。节要求人们不论是在顺境还是在逆境，都要始终保持自己的操守，特别是在艰难危机之时、生死存亡之际、面对重大考验的时候。正如《孟子·滕文公下》所载：“富贵不能淫，贫贱不能移，威武不能屈，此之谓大丈夫。”人们应该经受得起饥寒愁苦的严峻考验，在道义之上坚守自己的气节；人们应该按照道德要求和原则控制自己的情欲和行为。节强调一个人要能控制自己，在言行方面能够遵从礼义道德；在对待名利财物方面，要取用有节、有度。

能够把道义放在首位，以义制礼、以义导欲的人就是一个能够战胜自我的人。先哲认为，过分的物欲会干扰人的心，从而做出不道德的行为；过分的物欲会阻碍人的认知活动，从而导致思想的混乱，人们必须用德、礼、义来克制人的物欲。这些观点在现在来看，都是值得我们学习和借鉴的。宋明时期理学提出的“存天理，灭人欲”，在很大程度上限制了人们的创造力，也将节观念推向了一个极端，造就了一些只知为君主一人，甚至为昏庸暴虐之君效忠尽节之人，和一些为守节而行不义之事的人。鉴于此，南宋叶适提出守节须辨义的主张，认为离开义而去讲节有可能会让人步入歧途，这一点是很有价值的。而所谓的“辨义”，就是要辨明所坚持的政治、道德原则是否正确、是否符合道义。

守节之人是值得我们推崇和敬重的。为了行节义之举，人们常常需要舍弃青春年华、舍弃自由、舍弃生命。但是当守节过度以致压抑人性或守节之事实为不义之行时，我们应该从义不从节，为义舍弃守节。

四、义与义的关系

在现实生活实践中我们常会发现，义概念本身也在被以公私为标准划分着，并因此有了大义与小义之分。义的概念在生活实践中不可避免地发生了变化。社会中各个阶层的人在具体情况下践行义，都会给义赋予不同的含义。义以公私为标准则可分为大义和小义，即公义、大众之义为大义；私义、个人之义为小义。当大义与小义发生冲突时，应舍小义取大义、为大我舍小我、为大众舍个人，这些都是适宜、正当的取舍。当大义与小义发生直接冲突的时候，必然存在着如何选择和舍弃的问题，小义要服从大义，为了大义我们要舍弃小义。

义按照公私的标准又可细分为个人之义、群体与家族之义和国家与民族之义。大义和小义是一组相对概念，在个人之义与群体与家族之义间，个人之义是小义，群体与家族之义是大义。当个人之义与群体与家族之义发生直接冲突的时候，个人之义应服从群体与家族之义。在群体与家族之义和国家与民族之义之间，则是群体与家族之义为小义，国家与民族之义为大义。当群体与家族之义和国家与民族之义发生直接冲突的时候，群体与家族之义应服从国家与民族之义。

五、小结

忠、孝、节、义都是美德，有时这些美德相互冲突和矛盾，最常见的就是人们常说的忠孝不能两全。比如你父母让你去做坏事，不去做父母说你不孝，去做又违背道义。当忠、孝、节、义发生冲突或矛盾的时候，我们可以用义的标准来衡量并做出选择：义则行，不义则止。

第三节　生活中的义

在生活中离我们最近的是情义，有情有义才有多彩的人生。重感情、讲义气是中国人的一大特点，俗话说："熟人好办事。"哥们儿义气在人们的生活中还是能够发挥一定的作用的，而且对人的工作生活有很大的影响，俗话说："朋友多了路好走。"为什么朋友多了路好走？就是因为一个字"义"。

重情义、讲义气的人一般都朋友比较多，无论是江湖义气还是国家大义都具有凝聚人心的作用。在我国古代，这个"义"字经常被江湖豪杰所用，很多啸聚山林的山大王都是靠义来聚集人马。比如《水浒传》里的宋江，水泊梁山 108 将个个英勇善战，为什么推举宋江做首领呢？因为他讲义气，人们称其为"及时雨"宋江，谁有困难他都会及时地给予帮助。《三国演义》里面的刘备、关羽、张飞也是靠兄弟之义共同打天下的。

一、重义的人人缘好

在现实生活中，人们都喜欢讲义气的人。在正式的组织里，讲义气的领导会得到下级的支持和爱戴，在非正式组织中的领头人往往是组织中最讲义气的那个人，因为大家都喜欢讲义气的人，所以说义具有一定的凝聚力，义是连接人与人之间友情的纽带之一。从古至今一直有义结金兰的说法，古代的磕头拜把子和现代的哥们儿义气都离不开个“义”字。从古至今人们树立了很多忠义的榜样，最著名的当属关羽，后人因为倾慕关羽的忠义把他奉为了神明。关羽靠讲义气而备受推崇，享受人间香火，可见人们对义是多么的渴望和崇拜。人们顶礼膜拜的其实未必是高高在上的佛像和天神，而是在拜自己心中的梦想、自己的愿望和渴求。义本身就是人们所追求和渴望的。人们对关公的崇敬实际上是对义的渴望和追求，而在现实生活中人们对讲义气的人的喜爱实际上就是对现实生活中义的渴望与追求。

因为义是人们所追求和渴望得到的，大家都希望这个世界充满了正义，谁都希望有一帮讲义气的朋友，所以在现实生活中那些讲义气的人的人缘较好。

二、义使人相互帮助

我们经常说某人仗义疏财、扶危济困，把乐于助人的人称为仗义的人。义气可以使人相互帮助。

仗义就是愿意帮助别人、肯吃亏，因此倡导义可以促进人与人之间相互帮助。人们常说那些不肯帮助别人的人不仗义，而多数人不喜欢别人说自己不仗义，都喜欢别人说自己仗义，因此从某种意义上来说，这个义起到了一定的约束作用，约束那些不仗义的人，促进大家互相帮助。

三、不做不义之事

在生活中不要做不仁不义的事情，佛教有因果报应、生死轮回的说法，我国民间也有多行不义必自毙、善恶到头终有报，只争来早与来迟的说法。至于人是否有轮回尚不可知，但是因果关系是客观存在的，例如：勤劳的农民秋天的收获是因为有春天的耕耘，工人每月能拿到工资是因为工作了一个月。很多人的内心深处是相信因果报应的，事实上也确实有一些人是担心遭报应而不去做坏事的，也有人行善是为了积德。抛开这些因果报应不谈，不可否认的是当一个人做了好事后，心情往往是愉悦的；而多数人在做了坏事之后，心情是惴惴不安或者是心怀愧疚和恐惧的。

在中国有这样一个古老的传说：有易、王亥、何伯三人是很要好的朋友，其中有易与何伯的关系最好。有一天，王亥被一只神鸟戏弄，十分生气，便拿上弓箭去追这只神鸟，临行前将自己的牛羊交给有易与何伯照看。有易看着王亥的牛羊，不禁起了歹念。为了能将牛羊据为己有，有易鼓惑何伯一起在半路上将王亥杀死。有易杀了王亥之后，又把王亥的尸体大卸八块，到处乱扔。何伯见有易这样残忍，十分后悔成了杀人的帮凶，良心受到谴责，下定决心不再和有易沆瀣一气。当大禹为治水来到这里时，何伯便向大禹自首。大禹对有易的这种凶残行为十分痛恨，便将有易捉来，关在一个山洞里，打算交给西王母处罚。后来，大禹由于忙于治水，就把处理有易的事情忘了。有易在山洞里关的时间久了，慢慢地变成了一头野兽，这种兽向下佝着脖子，永远低头着，像是认罪的模样。多行不义必自毙，有易的故事千百年来一直警示人们，要约束自己的行为，不要做贪婪、凶残的事情。

四、生活中需要讲义气的朋友

人的一生真的不容易，说不上会遇到什么样的事情。当你最困难的时候，翻开你的通讯录、打开你微信看看有没有可以帮助你的人，你会发现其实并不多。当你落难时会有几个人向你伸出援手？无数的事实告诉我们，在生活和工作中确确实实需要讲义气的朋友，如果你的朋友都是些无情无义的人，那么你的生活真的会很糟糕。

五、小结

社会学将人际关系定义为人们在生产或生活活动过程中所建立的一种

社会关系，心理学将人际关系定义为人与人在交往中建立的直接的心理上的联系。人际关系常指人与人交往关系的总称，也被称为“人际交往”，包括亲属关系、朋友关系、学友（同学）关系、师生关系、雇佣关系、战友关系、同事及领导与被领导关系等。人是社会动物，每个个体均有其独特的思想、背景、态度、个性、行为模式及价值观，然而人际关系对每个人的情绪、生活、工作有很大的影响，甚至对组织气氛、组织沟通、组织运作、组织效率及个人与组织之关系均有极大的影响。如何维系这么多复杂的人际关系？归根结底要靠情义，因此我们千万不能忽略生活中的义。生活中交友须带三分侠气，做人要存一点素心。交朋友要有几分侠肝义胆，为人处世要有一种赤子情怀，生活中不能没有“义”字。

下篇

树信仰、淡名利、修身心

第九章　树信仰

信仰在人生中的作用是赋予人生意义，它回答了人为什么而活着的问题。有坚定信仰的人，会感到人生是有意义、有价值的；没有人生信仰或失去了信仰的人，会感到迷茫和空虚，从而对人生有无意义发出疑问。一个人如果想活得精彩，活得开心，活得有意义，那么就要树立正确的信仰。

第一节　信仰的内涵和意义

一、内涵

信仰是人类特有的精神心理现象，是指人们对一定的世界观、人生观、价值观等观念体系的信奉和遵循，是统摄、指导其他一切意识形态的最高的意识形式。从内容和表现形式上看，信仰是人们对自认为具有最高价值的理论、学说或主义、人格化的神灵的极端信服崇拜的一种心理状态，表现为人的认识、情感、意志对真、善和自由、幸福的无限向往和不懈追求；从根源上看，信仰来源于生活实践，又高于生活实践，是对现实的超越，或者说是对现实的超现实表达或理想主义追求。信仰的含义尽管是多方面的、复杂的，但仔细分析，还是不难发现其中所共同具有的内在规定性。

（一）信仰是人的一种心理需要和心理满足

人的一切活动都是为了满足自己的需要。信仰是与人的认识、情感、意志相联系的一种精神活动，其产生有着重要的心理基础。荣格曾说，大部分人从记忆难及的洪荒时代起就感受到了一种信仰的需要，需要信仰是生命延续的要求。生命需要信仰，这无论对谁来讲都是一样的，区别只在于信仰什么和如何信仰，心理需要是人信仰产生的心理基础。人的心理活动是非常复杂的，如依赖感、恐惧意识、感恩意识、对安全的渴望、对真善美的追求、对永恒的追问、对成功的喜悦等，这些心理活动是构成人多种多样信仰需要的原因。信仰是人的心理需要，费尔巴哈认为“人的依赖感是宗教的基础”。人们信仰上帝，根本上是人们希望从上帝那获得恩赐和保护。维特根斯坦说：“我所需要的是肯定，不是智慧、梦和推想，这种肯定就是信仰。信仰是我的心灵、我的灵魂所需要的，而不是我的远见卓识所需要的。”爱默生主张，信仰在于肯定灵魂，无信仰在于否定灵魂。弗洛姆强调，信仰首先是相信，内心的坚定性是第一位的，特定的信仰对象倒不是最重要的，他说，信仰上帝的人虽然没有体验过上帝，但是他仍然感到自己胜过一个虽则体验上帝但并不信仰上帝的人，没有信仰则标明了人的极度混乱和绝望。汤恩比认为，宗教信仰是文化心理或文化潜意识的集中体现。现存的各种高级宗教之所以能够长期得到广大群众的皈依，是因为它们能够满足人们的情感需要。马林诺夫斯基认为，人的每一个生理阶段，尤其是每次有重大转机的时候，几乎都有相应的宗教信仰需求。人的宗教需要出于人类文化的延续，这种文化延续是超越死亡之神并跨越世代的，它使人类的关系永远维持下去。

（二）信仰是一种终极价值的追求

信仰是一种价值追求，它追求的是生活的目标和生命的意义。康德说，人们对未来的期望根植于人的这样一种本性，即对时日有限的不满足。对生活目标和生命意义的追求是最高的人生价值，此种追求又是和某种确定性、不变性的渴望联系在一起的。有了确定的信仰，也就有了确定的价值和明确的人生目标。确定一种信仰，实际是为自己树立了奋斗的价值目标。为信仰而奋斗，就是为人生的最高价值而奋斗；为共产主义信仰而奋斗，就是共产主义者所追求的最高价值目标。毛泽东曾说："我一旦接受了马克思主义是对历史的正确解释以后，我对马克思主义的信仰就没有动摇过。"信仰是对确定价值的追求，信仰不同，人生的价值追求也就不同。马克思主义者追求的最高价值是实现共产主义；科学主义者追求的是自然界的秩序与和谐，是科学本身所显现出的力量与壮美。现代社会已有的价值不断受到冲击，但人们对价值确定性的追求依然迫切。英国社会学家安东尼·吉登斯认为，"在晚期现代性的背景下，个人的无意义感，即那种觉得生活没有提供任何有价值的东西的感受，成为根本性的心理问题"。在此背景下，越来越多的人前往形形色色的信仰中寻求寄托，以使饱受风霜而又弱小孤独的心灵获得安慰。

（三）信仰是一种情感的投入与意志的坚定

信仰是与人的认识、情感、意志相统一的一种精神活动。离开了情感，就不可能有真正的信仰，已有的信仰也会僵死。如果一个人对某一对象没有了情感，那所谓的"信仰"也就不可能是真正的信仰了。离开了坚定的意志，信仰就失去了终极价值的关怀和人生的最高指向。情感是沟通认识与信仰的重要环节，意志是坚固桥梁的凝聚剂。情感使人的认识与信仰联系、统一起来，而不是对立起来。只有建立在坚实的情感基础之上的信仰，才是一种发自内心的信仰，这种信仰在现实中才会显示出巨大的精神力量。信仰的特点就是坚定性，它表现为人们在遇到困难和曲折时，并不怀疑它的合理性，而总是分析其他方面的问题，并继续朝信仰所指的方向勇往直前。

离开了意志的支持，信仰也就失去了现实性。同时，信仰也是一种感情投入，信仰会培养起情感，并使情感得以升华；情感又会使信仰更加坚实。对信仰对象的情感会使信仰主体坚定地投入到信仰活动中去，甚至为信仰而献出自己的生命。

（四）信仰是一种精神动力

信仰为人提供精神动力，它是推动人不断前进的力量。在复杂的社会环境中，一个人要有所作为，除了要应对来自外部的各种挑战，还必须不断地超越自我、战胜自己。虽然推动人前进的力量可能来自外部，但最持久、最根本的力量是来自信仰的力量。首先，自觉的、科学的信仰是一种引导信仰者积极向上的精神动力，它使信仰者认识到自己人生的真正意义，认识到人生的无限正在有限中生成，从而在人生的道路上不断丰富自己、完善自己。就像雷锋所讲的："人的生命是有限的，可是为人民服务是无限的，我要把有限的生命投入到无限的为人民服务中去。"其次，自觉的、科学的信仰在内容上具有批判现实的张力。它本身蕴含着超越现实的力量，因此它可以鼓舞信仰者从日常生活中走出去，思考当下不能实现的需要，对有限的现实生活进行评判。虽然有些信仰目标在有限的时间里难以实现，但是它可以作为人们前进的方向。从一定的角度看，信仰的意义就在于人们对信仰目标的不懈追求。最后，自觉的、科学的信仰在方式上具有科学合理的特质。信仰与经验是两个范畴的问题，不能简单地用经验科学的方法来研究信仰问题。

信仰和科学有着一定的关联，特别是理性的信仰，它总是与科学有着延续的关系，它是科学向无限的推演，是人们基于科学的发展对自己生活的无限遐想。所以，邓小平说："对马克思主义的信仰，是中国革命胜利的一种精神动力。"当然，作为精神动力的信仰如果是非理性、非科学的，也会对社会以及信仰者本身产生负面作用。

信仰作为对待生命的根本态度，既是以承认生命的有限性为事实前提，又是以认同永恒价值或终极意义的"存在"为理论基础的，简言之，信仰是对生命不朽的精神追求。因而，信仰是每个有限生命安身立命的根据。由于信仰树立的是个体生命的基座和终极归宿的理念，因此，每个正常的人类个体都会以某种方式体悟和践行信仰；又由于信仰的方式总是以个人的自律和责任意识为特征，故它总能成为一定形式社会共同体的纽带。一旦合理的信仰被忘却或怀疑，对于个人而言，就难免走向享乐主义或颓废主义，走向无所为或无所不为；对于社会而言，轻则缺乏凝聚力而成为一盘散沙，重则滋长奢靡之风并涣散消亡。信仰旨在开辟从有限到无限的路径，把相对提升为绝对，把有极幻化为无极。尽管信仰的类型千差万别，但其共同特征都是以人与外部世界的终极关系为依托，以承认绝对存在和终极真理的存在为前提。这就是说，任何信仰都有其一以贯之的思想灵魂和恒定的价值追求，这样才会形成神圣感，才会使人以虔诚的态度对待它。因此，信仰的冲动不是植根于直接功利性的需求及满足，而是以超越为特征的追求。

二、意义

心理学家荣格说：“尽管大多数人并不知道为什么身体需要盐，但每个人都出于一种本能的要求摄取着盐分……大部分的人从记忆难及的蛮荒时代起就感受到了一种信仰的需要，需要信仰是一种生命的延续性。”信仰具有重要的人生价值，在人生中发挥着重要的作用。

（一）信仰是伟大的力量

习近平总书记在参观《复兴之路》展览时曾讲过一个有关理想信念的故事。

1920 年春天的一个夜晚，革命先贤陈望道在简陋的屋子里专心致志地翻译《共产党宣言》，母亲给他送去粽子和红糖。过了一会儿，母亲在屋外喊：“红糖够不够，要不要我再给你添一些?”儿子应声答道：“够甜，够甜的了!”谁知，当母亲进来收拾碗筷时，却发现儿子嘴边满是墨汁，红糖一点儿没动。原来，陈望道竟然是蘸着墨汁吃掉粽子的。因此有人说，信仰的味道是甜的。陈望道翻译了第一本中文全译本《共产党宣言》，随后参与创立中国共产党，一生坚定信仰，身体力行地诠释了“信仰的味道是甜的，信仰的力量是伟大的”。

（二）信仰为行为的善恶确立了一个最高标准

信仰体现着人们价值追求的最高目标，制约着人生总的前进方向，代表着人们的最高道德信念、道德理想和道德境界，因此它对具体的善恶标准具有价值引导作用。道德和信仰具有本质的联系，就其存在形式和发挥作用的形式来说，道德天生就是一种信仰的活动，是人的精神自律，是人的自我超越和提升。道德和法律不同，它更多地诉诸人的内心，从人的灵魂深处来规范人的行为。道德作为人对主客体之间价值关系的理解和把握，内含着人对外在环境和自身本质、规律和终极目的的领悟，从这方面说，任何自觉的、系统的道德观都带有人生观、社会历史观和世界观的性质和意义，任何系统的人生观、社会历史观和世界观都包含着人的道德观，而所有这些都在人的信仰中得到整合，从而成为人的价值指南和善恶观念。马克思主义认为，道德不是外在于人、强加于人的东西，相反，道德内在于人，它是人们自我认识、自我肯定、自我超越、自我实现的一种形式，是人迈向最高价值目标的行为方式。信仰是既“信”又“仰”，既有现实性，又有超越性，它为人生树立了一个最高的价值目标，提供了一个关于行为善恶的最高标准，从而将人的各种零散的信念和价值观念统摄起来，形成一个有序的价值观念系统，形成规范一个人的全部人生活动和行为的基本框架，提高人生活动的自觉性、自律性和一贯性。

（三）信仰是提升自我价值的内在动力

信仰是人们提升自我价值的内在动力，是人类维系自身并追求理想目标的生活方式。人在信仰中生活，在信仰中完成对生命的意识活动、提升自我的主体性价值和意义，实现从已然到超然的飞跃，这是由信仰对主体所产生的内心驱动力决定的。任何人的生活都是立足于精神领域对自身价值和意义的超越性把握，没有意义和价值的生活是人无法承受的。一个找不到生命意义的人，不仅生活得不快乐、不幸福，而且根本无法适应生活。个人信仰所关注的是个体，它要解决现实的个体超越自身和提升自我价值的根本问题，要对自身终极命运进行自我反思，对自身所处的现实境遇的理想给予超越。信仰主体所表现出来的坚定执着的趋向性，就在于内心的精神支撑及信仰的驱动力。真正的共产党人为了人类的解放事业，为了给劳苦大众谋得幸福和自由，在任何时候都把自己的利益放在群众的利益之后。信仰者在任何时候、任何环境下都不会熄灭其内心的向往，困难在其眼中是可以靠信仰意志克服的。

（四）信仰对生活方式的选择具有导向作用

因为人与动物之间的重要区别在于人的活动是自觉能动的，而动物的活动则出于本能。人们对自己的生活方式的选择也是自觉的、能动的。人类可以在实际生活中，感受和体验不同的生活方式，形成关于不同生活方式的非理性价值体验；人类作为能动的主体，还能够自觉地将各种生活方式客体化，研究不同的生活方式的优劣，形成理性的价值判断。无论是非理性的价值体验，还是理性的价值判断都汇集为人们的精神信仰，成为人们选择自己生活方式的指南。精神信仰不同，人们的精神面貌迥异。列宁指出：“意识到自己的奴隶地位而与之作斗争的奴隶，是革命家。没意识到自己的奴隶地位而过着默默无言、浑浑噩噩、忍气吞声的奴隶生活的奴隶，是十足的奴隶。对奴隶生活的各种好处津津乐道并对和善的奴隶主感激不尽以至垂涎欲滴的奴隶是奴才，是无耻之徒。”

（五）信仰为人提供生活目标和生活秩序

信仰为人提供一种现实的生活目标和生活秩序，从而把人的认知、情感和意志统一起来，这样不仅可以保持个体心理健康，避免精神分裂，而且可以向人提供生活内容本身，使生活具有实实在在的内容，从而使生活充实。在现实生活中，一种信仰，总是体现着一种独特的生活方式和生活秩序。接受一种信仰，就意味着接受一种对生活内容的安排。美国学者托夫勒认为，人对生活秩序的需要是人生“三种基本需要”之一，他说：“生活缺乏一个完整的秩序就如同行尸走肉。丧失生活秩序，就会导致精神崩溃。”

三、小结

信仰的内涵是个人对真理的崇敬和执着，是一个人对活在这世界上的意义、目的和结果的认知。信仰代表了一切的真、善和美，使人对生命和这个世界充满爱心、信心和责任心。信仰就像天上的北斗星，在黑暗中闪着指明方向的光。不过信仰也需要不断地被证明和检验，这世界上有太多伪真理，它们根本不值得我们去信仰，甚至有一些所谓的信仰只是在欺骗和愚弄着无知、善良的人们。真正的信仰，也是真正的智慧，它值得每个人去思考、去坚持。

没有明确人生信仰的人生是没方向的人生，有一个好的信仰可以指引你走向光明，可以使你的生命更有意义。

第二节　信仰的种类

信仰是与人的认识、情感、意志相联系的一种精神活动，人的信仰不是单一的，而是多样的。现实中既有原始信仰和民间信仰，也有与时俱进的信仰，下面我们了解一下现有的各种信仰。

一、原始信仰

在原始人看来，世界上的一切事物，无论人、动物、植物都有灵魂；自然界所发生的许多现象，诸如风雨、雷电、日出、月落、山崩、水涨、生育、死亡等，都有一种超自然的力量在起着作用。他们把自然力视为有灵性、有神威的对象，并通过一定的仪式求得它的保护，从而产生自然崇拜、动植物崇拜、图腾崇拜等。

（一）原始信仰的产生

原始信仰的产生有着深刻的社会方面和认识方面的根源，在原始社会初期，人类所受的压迫主要来自大自然的力量，当时生产力水平极端低下，一方面，原始人全部生活几乎都靠自然界的恩赐，这使原始人对自然界产生了依赖感；另一方面，自然界是作为一种完全异己的、有无限威力和不可制服的力量与人们对立的，人们必须绝对服从于它的威力。远古时代，地震、火山、洪水、猛兽、山呼海啸、电闪雷鸣、月食星坠、四季更替、生老病死等自然现象，使原始人对大自然产生了一种巨大的恐惧感。另外，原始人想象力的发展标志着人类的进化、社会的进步，但也有消极的一面，这就是在人们意识中不仅出现幻想，而且还出现一种脱离生活的臆想，使幻影和幻觉产生，使人们相信想象甚于相信实践和逻辑，“万物有灵”“自然力人格化”的观念就是在这种情况下产生的。原始人在认识上还持有一种“极端感觉论”，完全相信自己的感觉和印象，而又不能靠生活实践来加以检验，也不能凭批判性的思考来加以取舍。他们对于自己的一切感觉和印象，连幻觉、臆想、错觉等在内，统统信以为真。他们的想象，不单取材于从现实生活中得来的客观经验，同时也取材于自己的主观感觉和印象，并往往借助抽象把现实撇开，编造出关于不为感官所观察感知的那些现象和规律性的观念。再有，原始人对变化多端的自然现象感到迷惑。如太阳从人眼中消失，又再度在天上出现。原始人又对自己的精神活动和机体活动的关系一无所知，尤其是对梦境感到不解。他们在睡梦中见到许多稀奇古怪、令人惊讶的事情，醒来时即刻烟消云散，从而产生睡梦是灵魂活动，灵魂是独立于肉体的一个实体的想法，他们在梦中见到亡人，认定其为死者灵魂，从而得出灵魂不死的结论；他们在梦中能飞翔、能入水、跑得快、跳得高，从而认为离体的灵魂比附体的灵魂具有更大的威力；他们在梦中经常见到各种奇形怪状、似人非人的形象，从而认定有鬼神、妖怪存在。原始人还不能正确认识生同死的区别，认为死是人体内少了某种东西的结果，这种东西就是或如气息或如影子、使身体能活动，能说话的灵魂。正是这些社会根源和认识论根源的存在促使了原始信仰的产生。

（二）原始信仰对现代人的影响

原始信仰经过千百年的历史演变，有的成为了民族信仰，有的成为了民间信仰。其实，在日常生活中，每个人都在不知不觉中或多或少地被原始信仰影响着，比如人们常说“人在做天在看”“举头三尺有神明”“听天由命”等。

二、中国的民间信仰

民间信仰没有统一的教义和经典，中国民间信仰除了求神拜佛、祈求平安外，聚落、庙宇与屋宅还常设避邪之厌胜物，如剑狮、符咒、八卦、令旗、石敢当等以护卫家宅。当有重要仪礼或遇到困难之时，民众往往求之于算命、卜卦、堪舆、择日、测字等，以趋吉避凶。

三、宗教信仰

（一）宗教的根源

宗教之所以能够产生并经久不衰且对社会生活产生了深远的影响，是因为人内在的焦虑和对于生命本身的关怀。人处于理想和现实的鸿沟当中，这鸿沟被人类生存的异化状态不断拉伸或扩宽，而彼岸之花盛开的芬芳让人的目光无法挪移。一方面是感性的现实生活被笼罩在痛苦阴影下而惨淡凄凉，另一方面是彼岸之神伸出橄榄枝邀请人步入灿烂辉煌的天堂和极乐世界。人毕竟是有灵性的，不可能长久地活在无信仰的荒漠之中，当人在拥有了某种宗教信仰的时候，就似乎摆脱了理想与现实、肉身与精神、天国与尘世的二元化分裂的痛苦，为灵魂的安息找到了一个超自然的世界。

人渴望超越生死，希望无所不能、自由而不受任何束缚，但是在现实当中，人的能力、人的所得、人的自由都被死死地限制在各种条件当中，人类在社会生活中面临着巨大的失落和挑战，美好的憧憬往往与现实事与愿违，所思所想常常不在人的掌握当中，自我意识之中的矛盾贯穿了宗教历史的始终。

（二）宗教的本质表现

人对于客观世界的不满意、惧怕和无可奈何的悲观情绪需要外界的关怀与安慰，宗教正是通过人的这种需要来关怀人的苦难，排除生活中否定性的力量。

宗教是社会历史的产物，对于宗教的考察不能离开时代背景和社会物质条件。但宗教并非抽象的意识形态，它通过具体的物质形式即某种制度、仪式等形式表现出来，成为了一种可以具体把握的感性物。

四、政治信仰

政治信仰就是人们对某种政治主张以及对在这种主张下所产生的政治活动、政治规范的信任、敬仰和追求。

五、个人信仰

个人信仰是一种很奇怪的领导思想，它可以指导人们达到所要达到的目的，好的信仰可以成就一个人的一生，但不好的信仰也会害了一个人。个人信仰问题是自己的一个选择，有的人有明确的信仰，有的人没有明确的信仰。其实，绝对没有信仰的人也很少，事实上，个人的信仰是五花八门的，那些宗教信徒和有政治信仰的人除了主信仰之外，还有个体个性化的信仰。例如：同样是道教信徒，有的信徒相信人的命运是天注定的，而有的道教信徒则认为人定胜天。

六、小结

从广义上讲，我们每个人都有信仰。有很多认为自己没有信仰的人，不可能什么都不信，哪怕他相信金钱是万能的这也是一种信仰。在我国，大众的信仰选择不是单一的，而是多元化的。信仰选择，既有科学的信仰，又有非科学的信仰，既有理性信仰，又有非理性信仰等。我们对信仰进行选择时一定要对各种各样的信仰进行深入细致的了解，以便为自己树立一个正确的信仰。

第三节　信仰与人生

一、以人生信念为基础树立信仰

信仰与信念有着密切的联系。首先，信仰以信念为基础，信仰本身也是一种信念，是信念的最高形式。信仰具有信念的基本特征，即对于某些尚未被实现和证实的事物或观念的确信。其次，并不是任何信念都能成为信仰，信仰是信念的一种特殊的、强化的、高级的形式。信念只是一种意念，信仰则是一个整体性的精神姿态、一种综合的精神活动。信仰使人的整个精神活动以最高信念为核心，形成一个完整的精神导向，并调动各种因素为它服务。不论人们以什么为信仰对象，信仰这种精神形式的特征，都在于把某种信念置于自己思想和行动的统摄地位上，成为意识活动的调节中枢。

信念本质上是人对某种事物或观念抱有深刻信任感的精神状态，是人们在生活实践中实际地体验了怎样想和做才有益、有效的基础上，自然形成的一些思考和行动模式，它的内容则是对事物和观念所作的价值判断和推论。信念往往是具体的，可以表现为人对一时一事的现象持有的某种观念和态度，也可以表现为对宇宙、人生的总体性、普遍性的观念和态度。信念的形成是一个过程。信念首先是“信”，是由相信到信任，然后在信任的基础上再形成信念。信念比信任更坚定、更持久，具有稳定性和持久性；信念比信任更深刻，它是以真理的确认、坚信与认同为基础的。坚信有美好未来，就是超越现实、超越自我，面向未来。信念有许多种，有理性的信念，也有非理性的信念；有社会信念，也有个人信念；有宗教信念、政治信念、伦理信念、审美信念，也有生活信念；有支配性信念，也有一般信念。实际上，每一种价值观念都包含一定的信念。

信仰与信念不同。首先，信仰是支配一切的信念，具有专一性；而信念不仅有支配性信念，还有其他信念。其次，信仰与信念的执着程度不同，信仰比信念更为执着、深沉、投入，以至于自己整个身心都为信仰对象所倾倒。最后，信仰不仅是对真理的确认与价值的认同，而且还是情感的皈依之处，在这个意义上可以说信仰是更深层次的信念。就信仰是居于支配地位的最高信念而言，信仰与信念具有一致性。所以，有时人们说信念就是指信仰。

二、以信仰支撑理想

信仰是理想的基础，理想是在信仰的基础上确立的远大目标。一般来说，信仰指导理想，而理想体现信仰、深化信仰、强化信仰，二者是不可分割的。

信仰与理想有密切的联系。理想以信仰为基础，信仰决定理想。有什么样的信仰，就有什么样的理想，信仰决定理想的内容与方向。就一般意义而言，信仰是主体在社会实践和能动的创造活动中不可缺少的主观特征。因此，如果说实践是实现理想的外在动力，那么，信仰则是内在动力。因为理想作为一种双重存在，既有物质的机体，又有精神的结构，因此，就不仅仅是一种可感知的物质活动，其中也必然伴随着精神活动。所以，理想必须从这两个层面上来实现。从理想物化的过程看，在实现理想向客观现实的转化过程中，信仰是作为一个中间环节而存在的，因为理想客体变为现实客体必须通过人的实践活动，而人从形成理想到实现理想，不仅需要借助于种种物质的、技术的手段，在一定的条件下，还需要依靠主体自身精神的、意志的力量，也就是主体要树立起把理想付诸实践的决心。在这种决心形成中起一定作用的就是主体对理想的真理性、对把握理想而行动的必要性、对实现理想的现实可能性等的坚定信仰。主体一旦确立了对理想的信仰，这种信仰就会支配着人们的思维和行动，就会产生强烈的实践意识和执着的追求精神，就会为之进行不懈的努力，乃至赴汤蹈火在所不辞；反之，如果主体失去了信仰，或信仰发生了动摇，就会丧失为实现理想所必需的坚强意志，即使再崇高的理想，也是不可能实现的。

因此，恩格斯认为，人如果没有信仰，“精神上会感到空虚，他对真理、理性和大自然必然会感到失望。”苏联哲学家柯普宁也曾指出：“如果理念不转变为人的个人的信念、信仰，理论观念的实际实现就不可能。”

理想是价值意识的最高范畴，是构成价值观念的主干内容。理想又是人们超越现实、超越自我、追求未来远大价值目标的高度自觉的自我意识，是对经过预测而设计的人们为之奋斗的未来最完美的远大价值目标体系。这种目标体系以关于个人或社会的未来形象为标志，为人的价值追求提供着自觉的典范。理想体现了主体对真、善、美的自觉追求，对未来美好目标的追求。理想与现实是对立统一的。理想不同于幻想，它立足于现实，有实现的可能性，理想以现实为出发点，是现实的超越，又是对自我的超越。理想是有理性的，是在现实的客观规律与主体长远利益的基础上确立的理想；理想也有非理性的，即基于某种非理性信念、信仰而确立的理想。从内容上看，理想是信仰中价值目标的具体形态；从形式上看，理想则是知识、逻辑与情感、愿望、目的的统一，是对现实的反映与对未来价值追求的统一。理想的培育、确立，是人的精神生活的最高层次。崇高的人生理想的实现，是人的生命的最高自我价值；崇高社会理想的实现，则是人的生命的最高社会价值。

信仰并不等于理想。首先，理想比信仰更明确、具体。理想是人们为之奋斗的远大价值目标；而信仰是对具有较高价值的对象的信服、崇敬、敬仰、向往。我们说以马克思主义为信仰，不能说以马克思主义为理想。一般来说，信仰是理想的基础，由信仰到理想的跨越要在信仰的指导下才能实现，然后根据个人情况确立具体的价值目标。有的信仰与理想是同一的，如共产主义信仰与共产主义理想就是同一的。但并非一切信仰与理想都是同一的。其次，从价值内涵看，信仰表现了主体的最高价值追求，而理想则进一步着重揭示主体最高价值追求中的最高价值目标。最后，信仰主要是一种精神寄托，信仰转化为理想，就是使信仰具体化，使信仰与人们的实践结合起来，产生强化信仰的作用。所以，理想较之于信仰是更深层次的范畴。

三、用行动去实现理想

张闻天说过这样一句名言："生活的理想，就是为了理想的生活。"每个人都有各自的理想，有的人理想很伟大，有的人理想很渺小。但不论理想的大与小，实现起来似乎都不容易，理想的实现需要努力和信念的支撑，要想实现理想，必须马上行动，行动才能把理想变为现实，坚持不懈地努力是实现理想的唯一途径。

理想是人们对美好生活的向往，信仰既是理想的有力支撑也是实现理想的推动力。理想、信念和信仰的最终实现不可能完全靠思想解决，最终还是要靠行动来将其变为现实。当我们确定理想和目标以后，所要关心的就是怎样向着理想不断迈进。不管有什么困难都要克服，我们必须达到我们的目标，因为我们有坚定的信仰。

四、信仰的选择

人既有物质生活又有精神生活，精神生活的需要是人类高层次、高质量的需要。人的精神需要不仅表现为对精神文化成果的享用，而且更深刻地表现为自由地发展自己的才能、个性等，这是人特有的生活内容。因此，从某种意义上说，一个只偏重于物质需要而忽视精神需要的人，就可能为物质生活的满足程度所困扰，放弃对社会的贡献、对人生价值的追求，停留在低层次的精神境界中。这种物质崇拜或金钱崇拜实际上是人类低层次的信仰状态。从发展的角度讲，一个人的自立、自强，不但需要发展自身的物质机体，以获得物质力量，而且需要取得情感、意志、品德等方面的发展，从中获得精神力量。因此，当人确立了某种信仰之后，就会对某种主张、理论或某人极度相信，并将其作为自己行动的指南或榜样，从而使人在这种精神自主的体验中肯定自身存在的意义和价值。所以说，信仰是决定人生的内在因素，是人的精神支柱。它能把人的活动从现实引向未来，从一个目标引向更高的目标。同时，也使人获得某种精神价值尺度，用以衡量和评价现实。

无信仰的人是不存在的。虽然信仰的需要是一种高级需要，但它不是人生的奢侈品，并不只是有教养的人或低层次需要已经得到满足的人才会需要信仰。信仰与整个的人生，与人生所有的需要都有关系。不同知识层次的人都需要信仰，尽管他们满足信仰需要的方式可能不同。所以，历史上往往有这样的现象：人们越是在物质需要，特别是基本的物质需要方面不能得到必要的满足，便越是表现出对某种信仰的需要，这说明信仰需要并不是最后才出现的需要。人作为一个精神生命个体，作为社会的存在，总是要赞同某种观念、学说、理论或某一人物，并根据自己的需要将其作为追求和向往的对象，这种追求与向往就是人的信仰所在。或许有人信仰科学的无神论，有人则信仰宗教的有神论；有人信仰社会主义，有人信仰资本主义；有人信仰群众的创造力，有人却相信某一英雄的创造力等。对于一个人来说，只要他有某种崇拜、信奉的对象，并将其作为精神生活的寄托物，他就拥有了自己的信仰。从这个意义上讲，信仰是不可避免的。人的生活是文化的生活，信仰作为人的精神文化而存在，代表着一个人的本质特征。失去信仰，也就失去了人的文化特性，人也就成了生物学意义上的自然物。

在生活实践中，人们选择哪一种观念、学说或理论作为自己的信仰，既不是出于某种嗜好，也不是依据权威的命令，而是根据信仰对象满足其精神需要的程度。主体需要通过信仰的确立获得一种慰藉，激发出生活的力量和勇气。由此可以说，如果某种观念、学说或理论能满足众多人的需要，那就意味着它能得到大多数人的信服，成为信仰的对象。也就是说，对信仰的选择，是人主体意识的一种生动体现。生活中存在着多种对象，这就构成了人们选择的客观前提。而人的特定需要，则是人们进行选择的内在根据。特定的需要应该与满足特定需要的选择对象相对应，然而，由于选择主体的理性思维、意识状态、文化素养等因素的影响，具有相同需要的主体往往选择了不同的信仰对象，从而形成个体信仰的不同。有真实的与虚伪的信仰，有自觉的与盲从的信仰，也有非宗教与宗教的信仰。为此，人们往往把真实的、自觉的、非宗教的信仰归于科学信仰，而把虚伪的、盲从的、宗教的信仰归于非科学信仰。从历史上看，人在选择并确立信仰的过程中，始终伴随有两种可能的趋向：一种是形成真正的科学信仰，另一种是形成蒙昧的或虚妄的非科学信仰。

选择不同的信仰，决定了不同的人生追求。置身于社会生活之中，人们总是被迫在各种信仰对象中进行判断，社会上各种价值观念与个人心中的价值需求的碰撞，往往构成信仰选择中的冲突。可以说，真正有选择能力的人，会在复杂的选择对象中做出恰当的选择；而选择能力弱的人，往往缺乏自觉性，有时甚至根据某种直觉或情感而匆忙完成选择，以致做出不恰当或错误的选择。从某种意义上讲，一个人选择什么样的信仰，将决定他最终会成为什么样的人，也在一定程度上决定了他的人生道路。在树立信仰时，我们一定要慎之又慎。

五、小结

这是一个多元的时代，这是一个无限张扬的时代，虚无而华丽的表面之下是一颗颗躁动的灵魂。人的灵魂需要一个安身之所，有了信仰的灵魂便有了归属，灵魂有了归属，人生才会更加有意义。

第十章　淡名利

名利，即名位与利禄和名声与利益。《尹文子・大道上》中说："礼义成君子，君子未必须礼义；名利治小人，小人不可无名利。"《荀子・修身》中提到："君子役物，小人役于物"，即君子以自己为主体，超凌万物，役使万物；而小人却恰恰相反，他受制于外物，羁绊于俗世。这句话乃荀子引释古语而来，至今流传极广。

"势利纷华，不近者为洁，近之而不染者为尤洁；智械机巧，不知者为高，知之而不用者为尤高。"在现实生活中大多数人都是名利的奴隶，我们的很多行为是受名利所驱使的。追求名利的是常人，淡泊名利的是高人，看破名利的是圣贤。看破名利也就是无欲无求，这类人对物质的需求是维持生命即可。淡泊名利是清心寡欲、不刻意追求名利，有名利也不拒绝，没有名利也无所谓。《庄子・逍遥游》："若夫乘天地之正，而御六气之辨，以游无穷者，彼且恶乎待哉！故曰：至人无己，神人无功，圣人无名。"

第一节　名利概述

名是精神荣誉，利是物质利益，物质利益和精神荣誉是人们普遍追求的对象。人们在对物质利益追求的过程中创造了丰富的物质世界，人们在对精神荣誉追求的过程中提升了精神文明。对利的追求体现了社会活动的物质利己性，对名的追求体现了社会活动的物质利他性。丰富的物质世界会提升精神荣誉的价值，而重名轻利体现了社会发展的更高水平。

老子主张人们要“不贵难得之货”，即不看重珍品奇货；“绝巧弃利”，即放弃一些利益和难得的物品；“少私寡欲”，即减少私念、克制欲望。《道德经》第四十四章提到：“名与身孰亲？身与货孰多？得与亡孰病？甚爱必大费；多藏必厚亡。故知足不辱，知止不殆，可以长久。”

一、名和利的内涵

人类社会从古至今贯穿着对稀缺资源的追求，稀缺资源既具有物质的内涵，也具有精神的内涵。正是因为这种追求，社会才有变化、有发展、有进步，这种追求是社会发展的根本动力，当然也就是社会发展过程的本质特征。追求是社会发展过程的本质特征，而辞让是社会所推崇的高尚品德。辞让之所以高尚，正是由于它与社会的本质特征之间始终保持着一定的距离。如果生活在一种普遍辞让的圣贤社会中，人们只奉献而拒绝索取，那么人类社会的一切矛盾都将消失，社会发展的进程自然也就随之停滞。普遍的辞让使稀缺资源失去市场，因而人就不会通过社会活动去创造它，也就谈不上这些稀缺资源会使社会活动日趋丰富。因此，也就不会有社会活动本身的存在了。但现实是，人类社会对稀缺资源的追求从未停止过，也永远不会停止。正是由于人类的不满足，人类对稀缺资源的追求才为社会发展提供了永恒动力。我们对物质利益追求的认识比较深刻，因为历史唯物主义就是建立在对物质利益追求的认识的基础之上的。但社会活动所追求的不只是物质的利益，精神的荣誉也是社会活动普遍追求的对象。

物质利益是人最根本的追求，这种追求隐藏在历史人物的动机背后并构成历史发展的真正的动力，是使广大群众、整个阶级、整个民族行动起来的持久的动机。离开了物质利益，人无法生存、发展和享受，人必须组成社会并通过社会活动才能获得所需的物质利益。物质和精神之间存在第一性和第二性以及作用和反作用的辩证关系。在不同历史条件下的社会实践中，人们的侧重点可能会不同。但人们却无法颠倒两者之间的关系或轻视甚至否定两者之中任何一方的重要性。这也就是邓小平同志反复告诫我们的，物质文明建设和精神文明建设要两手抓。在市场经济活跃、物质文明建设高速发展的今天，加强精神文明建设就显得尤为重要，否则就会出现美国社会学家奥格本所说的“文化滞后”的混乱现象。关于物质和精神之间存在辩证关系的这些论述就使我们认识到，由于人必须组成社会并通过社会活动才能获得所需的物质利益，所以社会为了保证对物质利益追求的有序，要使用若干非物质的手段来调控人们在社会活动中对物质利益的种种追求，这些非物质手段的原始基础就是精神的荣誉。

已经融入了社会的人都需要他人的承认、肯定、信任、尊重、爱戴和赞许，这是社会人的荣誉需求，也是人的社会存在形式。正如生物人离开了物质利益就无法生存、发展和享受一样，社会人离开了精神荣誉也同样无法在社会活动中生存、发展和享受。人不仅是一种生物，更是一种社会存在，因而精神的荣誉也就成了社会人在社会活动中的必然追求。人如何才能获得荣誉呢？社会把荣誉赋予或分配给社会所需要的思想、言论和行动；换言之，人通过他符合社会需要的思想、言论和行动来获得荣誉。那么，社会又到底需要什么呢？由于对物质利益的追求带有相当程度的利己性（包含个人、群体、阶级、民族和国家），因此，社会为了整合或凝聚力量就需要一种利他精神。任何社会都会把荣誉分配给一定范围内的利他精神，即使是个人主义居主要地位的社会，利他或利己也总是与荣或辱相伴随的。社会正是利用精神荣誉这种非物质的手段来激励、协调和约束人们对物质利益的种种追求，人从生到死都要在社会化的过程中逐渐形成、强化和完善自身的荣誉需求。社会还会给精神荣誉配置一定的物质利益，以鼓励人们对精神荣誉的积极追求。如果说对物质利益的追求是人先天的本能属性，那么对精神荣誉的追求就是人习得的社会属性；如果说趋利避害是生物人的本能，那么趋荣避辱也就是社会人的必然。当然，对物质利益的追求是第一性的行为，对精神荣誉的追求是第二性的行为；衣食足而知荣辱，对精神荣誉的追求是建立在对物质利益追求的基础之上的。对精神荣誉的追求是人与动物区分的界线之一，是人类社会构建价值观从而衍生出习俗、道德、法规等的基础。离开了荣辱观，价值观就无所依托。

精神的名望是精神的荣誉在社会活动中的更高体现，是延续时间更长、扩散空间更广从而价值更高的荣誉，是荣誉和这份荣誉所具有的能够引发崇敬感的影响力的总和。由于人的不满足，物质的利益和精神的名望就成了社会分配的稀缺资源，也就成了人类社会活动普遍追求的对象。马克思主义从资本主义社会对物质利益分配的不合理来揭露和剖析资本主义社会阶级之间的不平等。对于社会的不平等或社会分层的普遍现象，德国社会学家韦伯构建了社会分层的三个坐标，即财富坐标、权力坐标和名望坐标，根据人们对财富、权力和名望所掌控份额的多寡来确定他们在社会上的身份和地位。三个坐标各自独立又相互交叉，也就是说，每个人在三个社会分层体系中所占有的地位并非必然一致。用通俗的话说就是，有权或有钱的人不一定就有很高的名望，而具有很高名望的人也不一定就有权或有钱。财富、权力和名望都是社会分配的稀缺资源，社会学冲突理论的分析和研究进入到这三个范畴。德国社会学家达伦多夫的冲突理论与马克思主义的不同之处在于，他认为政治权力而非经济利益才是社会活动追求、争夺、冲突和斗争的核心，因而也就是社会分层的基本要素。但是，为什么权力会成为社会活动追求的对象？深入分析权力的内涵，我们就会发现权力其实只是基本要素的综合载体，它包含着物质的利益，体现为财富和精神的荣誉，体现为名望。试想，如果我们掏空了权力的所有物质利益和精神荣誉的内涵，权力是否还是社会活动追求的对象？个人、群体、阶级、民族和国家对权力的追求正是因为权力中包含着物质利益和精神荣誉，权力在一定程度上其实就是对物质利益和精神荣誉的支配力。物质利益是人最原始、最根本的追求，精神荣誉是社会人在文明社会中的必然追求。按照中国传统的认识和表述方式，名和利才是人类社会活动普遍追求的对象。人类社会所分配的物质利益永远处于稀缺状态，所分配的精神荣誉也同样永远处于稀缺状态。人类社会对处于稀缺状态的物质利益和精神荣誉不断追求的过程就形成了社会的发展和进步。

人类从单纯追求物质利益到进而追求精神荣誉，表明了社会的一大跃进。一个社会是重利轻名或是重名轻利反映了这个社会物质文明发展的水平和精神文明进步的程度，反映了这个社会的荣辱观在社会成员中的普及状况。“顾面子”“要脸面”表明了中国传统文化所孕育和濡染的重名轻利的荣辱观在中华民族社会成员中的普及。权力中包含着精神的荣誉和物质的利益，因此，重名轻利的权力追求就是政治文明的一种表现。

二、名和利是多数人的普遍追求

名和利是人们社会活动普遍追求的对象这个命题往往会受到质疑，人们会列举许多道德伦理来否定对名利的追求。伟大的先贤有许多相关的成语：与世无争，淡泊名利，知足常乐，随遇而安，等等，宗教的教化功能也正是这种勿争与辞让精神的集中体现，这是因为对名利的追求在给成功者带来暂时的愉悦和满足的同时也给失败者带来痛苦与失落。在对名利激烈的争夺中，弱势的个人或群体都会受到较大的伤害。这些成语和宗教精神正是为了舒缓社会争夺的张力，让强势一方保有道德上的辞让，让弱势方获得心理上的安抚，缓和社会的矛盾。于是，勿争和辞让才逐渐成了人类社会所推崇的一种高尚品德。勿争和辞让的积极意义就在于它可以舒缓社会的张力，从而有利于社会的整合和凝聚。在遏制名利追求、舒缓社会张力方面，中国的宗教做过不懈的努力。道家的“清静无为”和佛家的“四大皆空”的宗旨也都在于此，特别是佛家的“苦集灭道四圣谛”①，它深入细致地推究了人致苦的原因。佛学还教导人通过“觉悟”以达到从痛苦与失落之中解脱出来的目的。但是，勿争和辞让的高尚品德始终与追求和争夺的社会现实保持着一定的距离。纵观人类的历史与现实，我们会失望地看到，除普遍的社会争夺之外，宗教之间、教派之间和教徒之间的争夺也从来没有停止过。任何个人、群体、阶级、民族和国家都不会从名利

① 苦集灭道是一个佛教用语，即苦、集、灭、道四谛。苦为生老病死，集为召集苦的原因，灭为灭惑业而离生死之苦，道为完全解脱实现涅槃境界的正道。

追求的失败中获得愉悦、幸福和满足。所谓锲而不舍、苦苦追求，那是因为追求者对其个人、群体、阶级、民族和国家的名利怀抱有必然成功的信念。所谓“人生皆苦”“苦海无边”，正是中国宗教对人类社会普遍追求名利的认识。

人们还会举出许多无私奉献的例子来否定对名利的普遍追求。无私奉献是利他精神的最高体现，是一种高尚品德，是所有文化都至上推崇的。但是，除了亲情之外，所有无私奉献都不是人类的本能，而是后天社会化的习得产物，都具有一定的功利目的。对于无私奉献精神，以往人们多从人的“性善”“性恶”的立论出发来加以认识。其实，那是用社会人的价值标准来评判生物人。当人处于自然状态的时候，为了自身的生存、发展和享受，他的一切行为都是合理的，无所谓性善性恶。须知，价值观是社会人独具的品质。用包括性善、性恶在内的社会人的价值标准去评判生物人，就好像说马鹿性善、老虎性恶，甚至说和风细雨性善、狂风暴雨性恶一样无济于事。任何主体的无私奉献精神都有其自身的局限性。正是为了满足社会活动有序进行的需要，也是为了满足名利追求规范化的需要，社会化过程才推动了亲情的不断拓展（或如孟子所说的“扩而充之”）从而形成更大范围的奉献。作为生物机体，人相对于其他动物而言，恰恰独具在社会化的过程中进行这种亲情拓展的巨大潜能。任何社会，总是以荣誉的力量来推动奉献精神不断拓展的。如何拓展呢？按照儒家的实践方式，“老吾老以及人之老，幼吾幼以及人之幼”和“己欲立而立人，己欲达而达人”，那是一个推己及人、由近及远、从亲己向亲他拓展的社会化过程，最终达到的是“先天下之忧而忧，后天下之乐而乐”的最高境界。所谓理想，其实就是一种更为合理的名利分配方案和由这种分配方案所规定的所有社会关系的总和。为理想而奉献，那是因为理想中体现了奉献者所属群体、阶级、民族或国家的物质利益和精神荣誉，即无私是小私的拓展，爱家、爱国、爱天下是一个类似修身、齐家、治国、平天下的社会化过程。我爱国是因为它是“我的”祖国。恩格斯在《英国工人阶级状况》中阐述过无产阶级的阶级自觉性的形成过程，那是一个从个人小私拓展到阶级大公的觉悟过程。马克思主义经典作家①已经论述过，由于阶级属性的规定，唯有无产阶级能够超越自身局限，把阶级利益升华到全民的大公。因为无产阶级只有解放全人类，才能最终解放自己。这就突破了传统爱国主义的种种局限，形成我国当今爱国主义更为深厚的思想内涵和更为广阔的社会基础。

当今世界，对全人类的无私奉献精神尚处于启蒙阶段，爱国主义仍然是世界的主流价值观。一方面，爱国主义不仅要维护国家物质的利益，还要通过物质利他的实践来维护和提升国家精神的荣誉、名望与尊严，这是一个国家具有的软实力的核心要素。另一方面，当今的全球化或一体化还不能排除爱国主义，更不能用它来一概否定民族主义，否则就会导致弱势国家的国家利益和民族尊严受到损害。因为，强势国家往往把自己的民族主义的局限性掩盖起来，把它当作超越自己国家物质利益的普适理念来推行，以此否定弱势国家的民族主义。只有在弱势国家的物质利益受到应有保障，民族尊严受到应有尊重的时候，只有在整个人类的生存受到了共同威胁这个主题逐渐形成共识的时候，“地球村”的内部认知，也即大同思想才会逐渐普及，整个人类才能最终获得解放。

从微观的视角来分析，默默无闻的勤奋工作理应得到人们的承认和肯定。作为一名普通的山村邮递员，王顺友同志以他的勤奋工作从他的服务对象那里获得精神的承认和肯定，这既表现了王顺友同志重名轻利的高尚品德，同时也表现了社会普遍的文明程度。设想王顺友同志默默地走在山道上的时候，所得到的是对他奉献行为的漠视、贬损和侮辱，那么，他还能否走完那26万千米的长征路。社会把荣誉赋予（或分配给）它所需要的思想、言论和行动，社会需要奉献，所以荣誉总是与奉献相伴随的。名望不一定是王顺友同志的原始追求，但赋予他名望却是社会名望分配机制的责任。趋荣避辱是社会人的必然。当一个王顺友获得了很高的名望，成

① 一般而言是指马克思和恩格斯，也有人将列宁包含在内，称这几个人为“马克思主义经典作家”。因为按照一般的看法，这些都是科学社会主义的创始人，为科学社会主义的理论建设工作做出了开拓性的贡献，所以将其称为“经典作家”。

为了全国的道德模范，千万个王顺友就跟着出现了。不仅物质的财富通过积累可以传承，精神的名望通过积累也能够传承。中华民族五千年传承下来的精神名望的财富是十分丰富的。当英烈、先贤、楷模和先进都能获得他们理应获得的荣誉与名望，而缅怀英烈，向先贤、楷模和先进学习的社会化活动又能持续广泛开展，社会文明程度就会得到提升，社会就得以良性运作。太多的英雄成了无名英雄只能说明社会的名望分配机制尚有缺失或不完善，这也会给沽名钓誉的行为提供便利条件。危害更大的是荣誉分配标准的颠倒。“文化大革命”中交白卷的被“捧香”，博学的专家被“批臭”等颠倒黑白的现象导致了社会的失范，给欺世盗名提供了滋生的温床。“穷光荣”的社会是与共产主义的远大目标背道而驰的。名望分配标准和机制的合理与完善、财富分配标准和机制的合理与完善和权力分配标准和机制的合理与完善同样重要。建立、健全和完善相应的名望分配机制是社会十分重要的任务，以荣辱观为导向所形成的价值观要比用权力强制推行的价值观更具生命力。

名和利是稀缺资源，是人类社会活动普遍追求的对象，名利双收是多数人的理想和追求。既不求名又不图利的社会似乎存在于老庄的人生理念之中，但是，那已经远离了现阶段人类社会普遍的认识水平和实践范围了。

三、名和利的相互关系

名是属于精神范畴，利是属于物质范畴。既然名和利都是人类社会活动追求的对象，那么它们之间究竟存在什么关系？它们之间能否像纯物质的东西一样作交换？如果可以交换，它们之间是否可以找到一种能够衡量它们价值的尺度？事实表明，名和利之间，也就是精神的荣誉和物质的利益之间存在可交换关系。其实，美国社会学家霍曼斯在他对交换理论阐述的过程中也曾流露过这样的认识，马林诺夫斯基在《西太平洋的航海者》中告诉我们了一种十分新奇的“库拉”流转现象。“库拉珍宝（即精致的贝壳项圈或臂镯）”代表着被浓缩了的财富，特罗布里恩德群岛上的岛民十分珍视它们，但又不会独占它们，只有使它们在不断流转交换的过程中让大家分享，人们才能获得信任、荣誉和名望。另外，在世界的许多地区，部落之间相互慷慨的物质馈赠活动也是为了赢得精神的荣耀。从国家民族事务委员会所编撰的《民族问题五种丛书》中我们可以看到，过去许多还保存着分享习俗的少数民族会把野兽和牲畜的头骨悬挂在自家的篱笆墙上作为炫耀，头骨增多就会提升主人的名望。上述事实都说明物质的财富通过利他行为转换为精神的名望又回归奉献者。还有许许多多的事实都可以说明原始的名利交换的存在。这种原始的名利交换应该是作为一种社会活动的原始的物质利益交换的必然产物。所谓名利交换，就是名的得失与利的得失形成的对应关系。

随着社会文明程度的提升，这种名利之间的交换更加频繁。“两袖清风”赢得了“流芳百世”，有限的物质享受赢得了无限的精神名望。正如董仲舒所鼓励的“君子生以辱，不如死以荣”那样，从古至今人类社会中演绎了多少个用生命来捍卫荣誉的动人故事。所谓气节，那就是拒绝物质利益的诱惑从而维护自己的精神荣誉。

文明人孜孜以求的就是“赢得生前身后名”。人享有精神名望的持续时间远比享有物质财富的时间要长，所以名望要比生不带来、死不带走的财富更珍贵。权力和财富只有通过利他的方式转化，人才能够长时间地享有精神名望。彪炳千秋、名垂青史是社会赋予的最高荣誉。所谓沽名钓誉就是逃避了利他的方式而获得了名望和荣誉；所谓唯利是图，就是摆脱了作为社会人的荣辱观，把自己赤裸裸地展现为一个生物人。因此，如果说对物质利益的追求基本上体现了人类社会的一种物质利己（包含个人、群体、阶级、民族和国家）行为的话，那么，对精神荣誉的追求则体现了人类社会的一种物质利他（同样包含个人、群体、阶级、民族和国家）行为。人类社会对那种“拔一毛利天下而不为”的极端利己主义始终予以唾弃和鄙视，对那种“毫不利己，专门利人”的至高利他精神始终予以推崇和颂扬，这就是人类社会长盛不衰的荣辱正气歌。假如颠倒过来，正气不扬，歪风肆虐，“两袖清风”成了臭，“贪赃枉法”成了香，献身精神被漠视，那么，这个社会就只好回到混沌状态。

到了今天，用捐赠人的姓名命名一幢建筑、一项基金、一所学校等比较流行的名利交换的方式也越来越多地为我国人民所采纳与接受。说到底，这也就是为捐赠人树碑立传，扬其名于世。

在我们的改革进程中，特别是在社会进行第三次分配（如果把人通过劳动获得报酬看作第一次分配，把政府对弱势的扶持看作第二次分配，那么社会公益事业就是对财富的第三次分配）的过程中，名利的交换法则有着十分重要且广泛的现实意义。

四、小结

名利双收是人们美好的愿望，但在追求名利的同时，人们也失去了很多东西，有的人为了名利失去了尊严，有的人为了名利失去了亲情，有的人为了名利劳碌一生。名和利之间存在可交换关系，把利益让给他人可以换回好名声，而过分地攫取利益可能会招来骂名。物质财富的丰富会提升人们对名的追求热情；物质财富缺乏的时候，人们会更多地考虑获得物质利益。追求物质利益的积极意义在于它推动社会的变迁和发展；追求名望的积极意义在于它通过利他的方式促进了社会的和谐发展。

第二节　名利博弈

名利博弈是在名与利不可兼得的情境下对名利进行取舍的决策，其实质是个人思想的博弈。“名利双收”是人们的美好愿望，人们通常会将金钱、名声为代表的具有外部价值的事物作为自己努力奋斗的目标。与“名利双收”的美好愿景相反，在现实社会中名与利往往不能兼得，要获得其中一者，通常需要以另一者的牺牲作为代价，因而往往会迫使人们不得不面对名利博弈的两难抉择。在“鱼与熊掌不可兼得”的名利博弈中，人们对于名利的选择和取舍往往有着很大的不同，带来的结果也不同。比如，商贩出售劣质商品虽然能够在当下获得丰厚利益，但是会对自己的名声造成损害；在团队工作中有些人会选择“搭顺风车”轻松获得利益，但是可能会落下不好的名声；而人们在慈善活动中积极捐助的行为能为自己带来好的名声，但是客观上却造成了自身经济利益的损失；人们动用自己的资源去帮助他人，虽然损耗了自己的利益，但是却能得到他人乃至社会的称颂。

一、名利博弈的特殊性

名利博弈是一种解决冲突的具体表现形式，体现的是在自身的直接利益获得与好名声获得之间进行的抉择。根据名利博弈的特征，为满足名利获得之间存在冲突的前提，只有在有机会能够获得直接利益或好名声，并且两者不能同时得到的情境下发生的博弈才能视为名利博弈。名利博弈广泛存在于我们的日常生活当中，是许多社会问题的心理基础。博弈，是人与人之间为了自己的目的在确定的规则背景下争取自己想要的结果。在传统的博弈中，人们需要依靠他人的选择或对环境的推测、权衡来帮助自己做出决策。例如，在囚徒困境①博弈中，个体会基于对他人是否会合作的判断做出选择。

与传统的博弈相比较，名利博弈也具有同样的模式。但名利博弈的性质较传统的博弈来说更为复杂。在名利博弈中，无论要获得名还是利，最终结果均受制于此时他人的反应，需要通过博弈最大可能地满足自己的需求；而名与利的具体选择倾向则需要判断名与利对于自身的价值，并据此做出最优的选择。

二、名利博弈的一般行为倾向

名利博弈具有两个重要的组成部分：自身利益的取舍与从利益舍弃中

① 囚徒困境最早由美国普林斯顿大学数学家阿尔伯特·塔克于 1950 年提出。他当时编了一个故事向斯坦福大学的一群心理学家们解释什么是博弈论，这个故事后来成为博弈论中最著名的案例。故事内容是：两个嫌犯（A 和 B）作案后被警察抓住，隔离审讯；警方的政策是“坦白从宽，抗拒从严”，如果两个人都坦白则各判 8 年；如果一个人坦白另一个人不坦白，则坦白的人放出去，不坦白的人判 10 年；如果都不坦白则因证据不足各判 1 年。

获得的好名声。据此特征，在名利博弈中，最为值得关注的是会损耗博弈者自身原有利益的利他行为——舍利取义。利他行为指的是以自己利益的损失为代价，为他人或团体谋取收益。虽然这种行为会导致自己部分利益的损失，但是在一定条件下可能会给自己带来好名声，并且能够获得机会，进而凭借好名声在未来获得更大更多的利益。当人们面对的博弈情景有作为旁观者的第三方在场时，相比在纯粹的利他情境下更偏向于表现出舍利取义的行为，其中的原因之一是博弈者的行为只有经过他人观察、传播才能转化为名声。例如，相对于独自一人的情况，有朋友在身边时人们会做出更慷慨的捐赠行为；有异性在场时，男性对慈善事业的捐赠额更高；在认为被人关注时，人们会更倾向于做出诸如捐赠等利他行为。与此相反，当博弈者处于匿名状态下，或者告知博弈者其行为没有受到他人的关注时，利他行为便会显著减少。这些研究从不同角度表明，无论利他行为的形式发生怎样的变化，当面临需要在直接利益和名声之间进行抉择的名利博弈情境时，人们往往会倾向于舍弃利益以获取名声，即舍利取义是名利博弈的一般行为倾向。

三、舍利取义的利己本质

针对大量研究中所发现的名利博弈中舍利取义的行为倾向，利他理论从进化心理学的角度试图对此进行解释。其中，间接互惠与竞争性利他理论最具代表性。间接互惠理论由亚历山大在其 1987 年出版的《道德生物体系》一书中首先提出，该理论以声誉机制为核心，认为助人者得到的帮助并不是来自受助者的直接反馈，而是来源于其他个体提供的帮助，这种利他行为受到的是团体强化的影响，在一定程度上对陌生人以及可能不存在多次交互的情况下的利他行为进行了解释，弥补了直接互惠说的不足。从该视角出发，间接互惠理论认为，个体在面对名利博弈困境时做出的舍利取义行为是长久以来团体强化的结果，本质上仍旧可以看作为未来的利益而暂时牺牲当前利益的行为。竞争性利他理论也尝试将名声与利益的获得联系起来，通过赋予名声相应的功能，为剖析名利博弈提供了另一种更具解释力的视角。基于大量对自然界的观察，如猩猩会在族群中分享肉食以得到交配权作为回报，画眉鸟会通过帮助行为来确立自己的威望，等等。竞争性利他理论更加注重名声本身的价值、效用以及个体寻求名声的根本动机，而不是尝试从群体的角度进行整体的解释或描述。竞争性利他理论直接发端于高成本信号理论，该理论认为在利他行为中获得的名声具有对某些人格特质进行宣传的功能：利他行为除了能够展现出自己的慷慨，也能传递其他有助于自己被他人选择的特质。在此基础上，竞争性利他理论认为，人们之所以表现出利他行为，是为了在他人心中营造可靠的名声，并且利用这种名声信息让他人感到自己是诚信的、有资本的、关心团体的，甚至是可信的或聪明的，从而把名声作为自己“是一个好搭档”的信号。这种信号能够使自己在未来从其他人中脱颖而出，从而得到机会提供者的青睐，获得更多的利益。从这个观点来看，舍利取义行为是一种吸引他人给自己合作机会的主动性策略。

从现实生活的角度来看，这种将名声作为“广告”和竞争工具的策略是可以理解的。在我们身边总存在着各种能够使自己从中受益的机遇，当那些机会提供者在寻找合作伙伴时，为了自己能够从与他人的合作中获得更多的利益，会倾向于选择有能力、可信赖的对象作为搭档。这时，好的名声将会大大增加被选择的机会，更容易“脱颖而出”。舍利取义的行为虽然会对当前利益造成损失，但是却能够有效地影响群体对自己的认识，为自己创造更多牟利的机会。这种将利他行为视为名声“投资”与“竞争”的观点已经为许多直接或间接的实验所验证。一方面，人们愿意给名声好的人提供机会和奖励，并且在挑选搭档的时候会优先考虑把机会给予名声好的个体；另一方面，人们在许多不同的生活事件中也会主动运用这种策略来帮助自己获得更多的利益。比如，为了能够获得某种名声以谋求未来的利益，人们愿意牺牲自己当前的经济利益。有研究者发现，人们在放弃当前利益时会为“惠、善、义、法”四个维度赋予更大的价值，其中“惠”指的就是在未来得到对方或第三方的增量的互惠；也有研究发现，当被告知后续任务会更换搭档时，被试者会减少其合作行为。这些研究说明，人们能够认识到名声对于获得未来利益的作用，并且会将其作为一种策略性的牟利手段。此外，关于博弈者个体差异的研究也发现，社会价值取向为亲自我的个体更倾向于为了未来长远的利益选择获得名声；在他人在场的情况下，高权术主义的个体更倾向于做出舍利取义行为，这表明舍利取义是一种旨在获利的策略。

人们能够认识到“舍利取义”所换得的名声对获得未来利益的作用，并且将其作为一种策略性的牟利手段加以运用，即名利博弈中的舍利取义行为本质上是一种利己的行为，只不过所追求的利益并不在当前取得。虽然竞争性利他理论的一些假设尚未得到有力的验证，也未形成具体的内部加工过程的模型，但是它成功地关注到名声除了得到互惠保障之外兼具“宣传”功能，将舍利取义行为在获得他人回报的基础上，额外赋予了主动为自己争取更多机会的作用，更为关注个体的能动性。

四、社会身份影响名利博弈中的舍利取义行为

名利博弈中的舍利取义行为本质上是一种利己的获利策略，这种舍利取义行为可以被视为一种吸引他人合作的自我“宣传”，其作用对象是能够对自己的名声进行积极回应的人。由于在社会背景中进行决策的一大重要影响因素是人们对进行交互的他人的判断，这种判断将会决定对他人行为的期待。同时，名声的形成与作用也依赖于在场的他人，因此，社会身份是舍利取义行为倾向的最重要的影响因素。

以往研究普遍发现，博弈者对于不同社会身份的博弈对象表现出了不同的获得名声的倾向。究竟是什么原因导致人们在获取名声这一策略上表现出差异？人们在现实的名利博弈中面对的博弈对象所具有的社会身份往往能够直接提供给我们社会赋予的诸如能力、性格等多方面的信息，从而反映出与之合作所能带来的价值的大小。由于博弈者在名利博弈中选择名声的动机是为了在未来获得更大的利益，因而在博弈时会利用这些信息调节自己利他行为的水平（或称之为获得名声的倾向），避免因为向不能给自己提供利益的人或能够带来的利益少于自己投入的人展现自己的“优秀

特征”而在整体收益上造成自己利益的损失。因此，博弈对象具有的社会身份将会为博弈者提供在未来与之进行合作能够带来的价值的信息，并最终通过影响博弈对象在博弈者眼中的价值达到影响名利博弈倾向的作用。具体来说，由于不同的社会身份信息所包含的能力信息存在差异，不同的能力水平预示着在将来提供的合作机会能够为博弈者带来的最大利益，体现出对名声信息的客观回应潜力。由于名利博弈中做出的利他行为是为了获得更多的利益，因此，从未来可能的合作中能够得到的利益的水平将会直接影响到名利博弈的倾向。如果对方掌握重要的资源，或是有很强的能力能够帮助自己去获得收益，很显然，同这样的人进行合作将会有更大的机会为自己谋取更多的收益，对博弈者来说这种情况下对名声的投资是有效的。一些实证研究为人们会在名利博弈时考虑博弈对象的客观回应潜力的观点提供了证据。例如，当对方的身份是自己的上级时，人们在分配时会更为对方的利益考虑；由于女性掌握了决定男性求偶行为成功与否的权力，当女性在场时，男性会比同性在场时更倾向于牺牲利益以获取名声；在他人能够选择未来合作搭档时，在未来任务能够获得更多利益的情况下人们更倾向于做出舍利取义的行为；在未来能够搭档的次数减少的情况下（对方在合作中能提供利益的总量减少），人们会倾向于放弃追求合作的好名声，转而趋向获得直接利益；在他人向掌握资源者传递信息时，人们更倾向于在这些人面前牺牲直接利益来追求好名声。

名利博弈中博弈对象的社会身份还包含着社会距离的信息，表征着人与人之间的亲疏差异。人们对于不同社会距离的博弈对象的合作意愿往往存在着本质的差异，这种差异来自具有不同社会距离的群体保持长远互动关系的难易程度以及从中获得长远利益的可能性。并且，人们还拥有社会距离越远越不会提供帮助的观念。这就预示着名利博弈的倾向会受到社会距离的影响。由于名利博弈中的舍利取义行为作为一种旨在通过吸引他人的合作获得更大利益的策略，仅仅考虑对方在客观上是否能够提供更大的利益并不足以保证自己能够顺利从博弈中获利，人们是否能够从中获利还取决于对方是否愿意给自己提供机会。虽然名声信息可以通过舍利取义的行为向他人进行传达，体现了人们在名利博弈中的策略性和主动性，但是对方是否愿意提供帮助却不能为自己所控制。即使同博弈对象合作的客观潜力大，但是对方不愿给自己提供利益，就会导致获得后续利益的可能性大大减少，获得利益需要冒的风险就会大为增加。这种情况甚至会直接导致博弈者对名声“投资”的浪费，致使舍利取义的策略失败，造成自身利益的真正损失。由于社会距离能够影响到对于他人的信任，因而社会距离信息能够帮助人们形成对方是否愿意提供利益的主观推测，即博弈者主观认为对方会对名声进行回应的潜力（主观回应潜力），主观回应潜力信息能够通过改变博弈者自身确信对名声“投资”的有效性影响名利博弈倾向。这种以社会距离为代表的主观回应潜力影响名利博弈倾向的观点在一系列研究中得到了验证。比如，当被告知自己的分配行为会被熟人看到时，被试者会表现得更为合作；当有自己所属群体的人在场，人们更倾向于牺牲利益，做出舍利取义的行为；人们更倾向于在重要关系人面前做出昂贵的道歉行为；即使是5岁的儿童，也会倾向于在内群体成员面前牺牲即时利益以获取关心团体利益的好名声。这些研究结果表明，博弈者更倾向于对社会距离近的博弈对象表现出舍利取义行为以获取相应的名声。以能力为代表的客观回应潜力限定了在名利博弈中获取名声能够带来的最大利益，而以社会距离为代表的主观回应潜力则反映了个体主观认为通过名声能够获取的利益水平。前者决定了在博弈者眼中博弈对象能够提供利益的上限，后者决定了博弈者认为自己的实际获益的可能性，两方面的评价共同影响着名利博弈中是否做出舍利取义行为的倾向，这也成为了名利博弈中是否出现舍利取义行为的核心影响因素。

五、小结

名和利的博弈实质还是利弊的衡量，趋利避害、追求利益最大化是名利博弈的关键。当名和利发生冲突时，人们会衡量取利还是取名更合适，最终，认为利更重要就舍名取利，认为名更重要的就舍利取名。舍名取利的人认为物质利益实实在在的是既得利益，至于名声则是虚无的，既不能当饭吃也不能当衣穿，所以他们选择物质利益；舍利取名的人认为名节更重要，他们更重视别人对自己的评价，追求精神的愉悦，他们认为钱财乃是身外之物，生不带来死不带去，而名节不同，好的名声可以流传千古，也就是所谓的不朽。当名利发生矛盾时，选择物质利益的人往往是现实主义者，他们往往也是比较自私的人，是一些活在当下、不思身后的人；而选择名的人往往是理想主义者，是追求精神层面的人，他们往往很注重别人对自己的看法和评价。

名是长远的利益和精神的利益，在某种情境下名可以转化为物质利益。其实，在名利博弈过程中只要不伤害他人利益和名声，选择什么都没错。选择物质利益和选择精神利益都是选择了利益，没有什么高低贵贱之分，只是个人看重的不同而已。真正的高尚是名利都不要，就是我们所说的做好事不留名，那些捐助他人而不留名的人才是真正的高尚之人。

第三节　淡泊名利

淡泊并不是力不能及的无奈，也不是心满意足的自赏，更不是碌碌无为的哀叹；淡泊是不追求名利，超然外物，实实在在地对待一切，豁达客观地看待生活。

古代的庄子对名利持超然的态度，据说已经达到了“物物而不物于物”的境界。庄子明确指出：“至人无己，神人无功，圣人无名。”修养高的人能任顺自然、忘掉自己，思想境界超脱于外物的人心目中没有功名和事业、思想境界臻于完美的人不追求名誉和地位。至人、神人、圣人乃是庄子思想体系中理想人格的最高层次，庄子认为神人不求有功，圣人不求有名，这体现出庄子本人对功名的态度，即名利皆轻。

一、庄子淡泊名利的故事

据说庄子才华横溢却一生清贫，在《老子韩非列传》中记载了一个故事：楚威王听说庄周贤能，便派遣使臣带着丰厚的礼物去聘请他，让他出任楚国的宰相。庄周笑着对楚国使臣说："千金，确是厚礼；卿相，确是尊贵的高位。您难道没见过祭祀天地用的牛吗？喂养它好几年，给它披上带有花纹的绸缎，把它牵进太庙去当祭品，在这个时候，它即使想做一头孤独的小猪，难道能办得到吗？您赶快离去，不要玷污了我。我宁愿在小水沟里身心愉快地游戏，也不愿被国君所束缚。我终身不做官，以求逍遥自在。"

二、不刻意追求名利

名和利本身是好的，人们追求名利也是正确的，只是不能刻意地去追求，我们主张追求名利，但是不主张争名夺利。

（一）争而不夺

君子爱财，取之有道；君子爱名，得之不愧。对于金钱财物，我们可以通过自己的努力和智慧去获取，而不是去刻意追求，更不是去和人争夺。对于自己应得的名誉，我们可以欣然接受，但切不可欺世盗名。

（二）惜而不求

个人财富和名誉都是来之不易的，要珍惜。君子虽不刻意追求功名富贵，但这不代表不珍惜这些，尤其是好名声更要特别珍惜，我们不要去做败坏个人名声的事情。对待名利最好的态度是"宠辱不惊，闲看庭前花开花落；去留无意，漫随天外云卷云舒"。

三、淡泊名利不是不要名利

财富是养命之源，名声是立世之本。淡泊名利并不是不要名利，主要是怀有一种心态：得之不喜，失之不忧；宠辱不惊，去留无意。不要过分在意得失，不要过分看重成败，不要过分在乎别人对你的看法。只要自己努力过，只要自己曾经奋斗过，就不需要去计较成败得失；只有做到了宠辱不惊、去留无意，方能心态平和、恬然自得，方能达观进取、笑看人生。著名的社会活动家、杰出的爱国宗教领袖赵朴初同志在遗作中写道："生固欣然，死亦无憾，花落还开，水流不断。我兮何有，谁欤安息？明月清风，不劳寻觅。"这正充分地体现了一种宠辱不惊、去留无意的达观、崇高的精神境界。

四、宁静致远

诸葛亮的《诫子篇》有这样一段话："夫君子之行，静以修身，俭以养德。非淡泊无以明志，非宁静无以致远。夫学须静也，才须学也，非学无以广才，非志无以成学，淫慢则不能励精，险躁则不能治性，年与时驰，意与日去，遂成枯落，多不接世，悲守穷庐，将复何及！"①

五、名利浮云

"名利是浮云。"这句话是没错的，财富是社会的，名声是虚无的，仔细想想人生确实如梦，一切都是过眼烟云。

从前庄周梦见自己变成蝴蝶，很生动逼真的一只蝴蝶，感到多么愉快和惬意啊！竟不知道自己原本是庄周。等到突然间醒过来，惊惶不定之间方知原来我是庄周。不知是庄周梦中变成蝴蝶呢，还是蝴蝶梦中变成庄周呢？庄周与蝴蝶那必定是有区别的。这就是物之变化。

人这一生就像一个长长的梦一样，当你回首往事的时候，过去的事情就像做梦，有的是美好的梦，有的是不堪回首的梦，无论是好梦还是噩梦都无法再来一遍，一切都只是停留在了记忆里。无论是荣华富贵的一生，还是穷困潦倒的一世，最终都会化为乌有。就像庄子梦蝶一样，我们真的分不清当人闭上眼睛离开人世的时候，是梦的开始还是梦的结束。

六、小结

无论是重名轻利，还是重利轻名，或是名利皆重，只要心中有名利就

---

① 淡泊一作澹泊；淫慢一作慆（tāo）慢。

会有苦恼。名和利给人们带来快乐和享受的同时也带来了不少烦恼，求而不得更是使人感到痛苦。

淡泊名利得逍遥，只有淡泊名利才会真的拥有快乐的人生。我们可能无法做到忘却名和利，因为我们毕竟不是神仙，我们要吃饭穿衣；同时，我们每天都要和人打交道，我们需要一个好的名声。但是，我们完全可以把名和利看得淡一些，我们努力工作，真诚待人，得之则喜，失之不忧。

第十一章　修身心

要想使个人素养达到较高的境界，必须修养身心。修养身心不仅可以提升个人的素养，还可以提高个人的生命质量，使自己活得更好。

第一节　修养身体

身体是革命的本钱，健康是幸福的基础。我们每个人都要无比地珍惜自己的身体，要注重身体的修养。

一、锻炼身体

中国人历来重视体育锻炼，古往今来有着很多健身的方法，普通人既可以采用传统的方式锻炼身体，也可以采用现代的健身方式，还可以用传统与现代结合的方式进行体育锻炼。

（一）传统方法

中国传统的强身健体分为两大部分内容，一是健体，二是理气，也就是俗话说的“内练一口气，外练筋骨皮”。中国古代倡导“白习文，夜习武”，这是比较科学的生活习惯。白天读书是脑力劳动，读书可以明理，提升自己的素养；晚上练武是体力劳动，可以强健体魄。

1. 传统运动

传统健身运动是我国祖辈流传下来的健身方法，比较有代表性的有五禽戏、太极拳、太极推手、八段锦、大雁功和各种保健功等，主要是通过调节呼吸、松弛身心来达到健身祛病、延年益寿的目的。这种锻炼方法将身体的外部动作与内在的气血运行相统一，使身体运动与呼吸相结合，是深受人们喜爱的锻炼方式。

2. 理气

传统中医认为，人的身体健康是阴阳二气平衡和协调的结果，不协调就会生病，生病也分阴阳，比如说肾虚分为阴虚和阳虚等。基于这一理念中国人发明了气功，气功是理气的最好方法。气功分为养生气功和硬气功。养生气功是一种中国传统的保健、养生、祛病的方法，它以呼吸的调整、身体活动的调整和意识的调整（调息、调形、调心）为手段，以强身健体、防病治病、健身延年为目的。

3. 导引

导引术是一种古老的养生术，“导”为导气令，“引”为引体令柔，即调整呼吸，使呼吸顺畅，拉伸肢体，使身体柔软。导引术强调在运动肢体的同时呼吸吐纳，促使脏腑经络之气和畅，使身体轻柔便灵，最终达到强身健体的目的。

导引术是运动与理气结合的健身方式，导引术有以下几个特点。

（1）循经导引，形意相随。循经导引就是遵循人体的经脉走向，配合呼吸，进行一定规律的肢体运动。形意相随就是在功法的习练上使意念活动与形体动作相互配合，这是循经导引的关键所在。

（2）旋转屈伸，舒缓圆活。肢体通过旋转屈伸的动作达到牵拉、刺激脏腑和活动关节的作用，舒缓圆活既保护了身体在肢体运动时免受伤害，又在更大程度上使筋脉、肌肉、脏腑受到了牵拉、刺激。

（3）抻筋拔骨，松紧交替。抻筋拔骨可以在更大的范围内牵拉人体各个部位的肌腱、韧带等结缔组织。配合松紧交替的运动形式，可以达到引体令柔的目的。

（4）吐故纳新，身心合一。吐故纳新要求呼吸自然顺畅，精神内守，意念与肢体运动相配合，从而达到身心合一的养生境界。

（二）现代方法

随着社会的发展，健身运动越来越丰富多彩。各项体育运动都可以健身，比如常见的跑步、跳舞、打球等。总体上现代人锻炼身体的方式大体可分为户外运动和室内运动两大类。

现代人最常用的户外锻炼方式有：散步、跑步、跳舞等。

现代人最常用的室内锻炼方式有：购买按摩椅、跑步机等运动器材在室内健身或者去健身房健身等。

（三）勤劳

勤劳不仅仅是美德，勤劳还可以给我们一个好的身体。劳动是最佳的锻炼方式，我们可以适当地从事一些力所能及的体力劳动，比如多做一些扫地、擦玻璃、洗衣服等家务活。

（四）养成坚持锻炼的好习惯

锻炼身体贵在坚持，培养一个好的体育爱好，养成一个好的运动习惯，选择一个好的锻炼方式，但最终能不能起到好的作用关键还是看能否坚持。要想使自己的身体保持强健来延缓衰老，最好养成坚持锻炼身体的好习惯。

二、保养身体

除了锻炼身体以外，人们还要注意保养自己的身体。所谓身体保养就是平时注意保护自己的身体，缓解身体的疲劳以保持青春活力。

1. 注意饮食

俗话说："病从口入，祸从口出。"保养身体最重要的是注意饮食，人不能暴饮暴食，也不可以时常忍饥挨饿，吃饭要有规律，最好定时定量，而且不要养成吃零食的习惯。

再有，要注意饮食卫生，喝水尽量喝开水，少喝矿泉水、纯净水等冷水；尽量少吃那些生冷的食品，尽量吃热食。

2. **不要过度劳累**

人总是不运动是不行的，相反过度劳累也是不行的，必须劳逸结合。过度的体力劳动和脑力劳动对身体都有伤害，所以不要总是加班加点地工作，从事体力劳动的人要定时休息，从事脑力劳动的人也一样不能持续工作太久，最好是体力劳动和脑力劳动交替进行。

再有，要保持充足的睡眠，人千万不要熬夜，更不要沉迷于夜生活，俗话说得好，“早睡早起身体好”。

3. **冷暖自知**

人是恒温动物，不能长期处在过冷或过热的环境中，尤其是冷暖交替频繁的地方，最容易使人生病。据生理学家研究，室内温度过高时，会影响人的体温调节功能，由于散热不良而引起体温升高、血管舒张、心跳加快。冬季，如果室内温度经常保持在25℃以上，人就会神疲力乏、头昏脑涨、思维迟钝、记忆力差。同时，由于室内外温差悬殊，人体难以适应，容易患伤风感冒。如果室内温度过低，则会使人体代谢功能下降，脉搏、呼吸减慢，皮下血管收缩，皮肤过度紧张，呼吸道黏膜的抵抗力减弱，诱发呼吸道疾病。因此，科学家们把人对“冷耐受”的下限温度和“热耐受”的上限温度，分别定为11℃和32℃。

在注意室内温度调节的同时，还应注意室内的湿度。夏天，室内湿度过大时，会抑制人体散热功能，使人感到十分闷热、烦躁。冬天，室内湿度大时，则会加速热传导，使人觉得阴冷、抑郁。室内湿度过低时，因上呼吸道黏膜的水分大量散失，人会感到口干舌燥，甚至咽喉肿痛，还会使人出现声音嘶哑和鼻出血等症状，并易患感冒。所以，专家们研究认为，相对湿度上限值不应超过80%，下限值不应低于30%。

三、精神保健

人的身体健康还包括心理的健康，人除了要锻炼身体和保健身体外还要注意精神保健，预防精神疾病的发生。

预防精神疾病的发生也称为精神卫生，精神卫生又称心理卫生或心理健康。狭义的精神卫生是指预防精神疾病的发生，促进慢性精神疾病患者的康复，帮助他们重归社会；广义的精神卫生是指增进和提高精神健康以及精神医学的咨询。

精神疾病主要包括：抑郁症、双相情感障碍、精神分裂症和其他精神病、痴呆症、智力残疾和包括自闭症在内的发育障碍。

抑郁症是一种常见的精神疾病，也是世界范围内造成精神障碍的主要原因之一。据世界卫生组织的数据显示，全球各年龄层共有约 4 亿人患有抑郁症，女性患者多于男性患者。

精神保健的关键在于个人，即个人要时刻保持舒畅愉悦的心情。心情的好坏可以直接影响人的身体健康，很多疾病源于内心的感受。

四、小结

身体是自己的，你不珍惜谁来珍惜？尽管你会找出很多条理由。你总是说身不由己，工作很忙事情很多不做怎么行，但问题的实质不是那些理由，而是你以为你的身体很健康，认为熬夜加班和少锻炼没什么大不了的。然而日积月累早晚有一天你会身体不如从前了，但那时候已经晚了，再想珍惜也来不及了。

对于长期从事脑力劳动的人来说必须要加强体育锻炼，锻炼身体贵在坚持，我们应该每天拿出不少于一小时的时间进行身体锻炼；对于长期从事体力劳动的人，要注意休息，最好是工作一两个小时就休息几分钟。

第二节　修养心性

著名企业家和哲学家稻盛和夫说，人活着，就是为了磨砺自己的灵魂，让自己的灵魂比出生的时候更加高尚，更加纯洁！人生有幸运，有灾难，有成功，有失败，会发生各种各样的事，这些大风大浪磨炼着人的灵魂。在迎接死亡之际，重要的不是此生是否有过显赫的事业和名声，而是是否有一颗善良的心，是否有一个纯洁而美好的灵魂，并能够以这样的心、这样的灵魂去面对死亡，这就是人生的目的——磨炼灵魂。

人这一生说长也长，说短也短，有的人开开心心过了一辈子，有的人在痛苦中度过了一生，更多的人是喜忧参半。这个世界上有的人整天俗务缠身，有的人超凡脱俗，那么什么样的人生是最好的呢？每个人的评价标准都不同，不过无论你是怎么想的，对于每个人来说，要想过得无忧无虑就需要修养自己的心性。

一、平心静气，节制欲望

佛教认为欲望是苦难的根源，所以佛教主张六根清净。一个人的欲望越多便越难以满足，欲望不能得到满足是人痛苦的主要原因之一，所以佛教的主张有一定的道理，但是笔者不主张压抑所有欲望，而主张清心寡欲和不强求。人有七情六欲是天经地义的事情，不必禁止，但是要豁达，我们尽力去追求美好的东西，得到了不必过于欣喜，得不到也不必过于忧伤，这才是人生的真谛。

清心寡欲语出《后汉书·任隗传》："隗字仲和，少好黄老，清静寡欲。"清心寡欲是人生的较高境界，很少有人做得到。但只要想开点，不计较，不攀比，心无杂念，烦恼自然就会少了。

清心是指内心宁静，没有牵挂，无思无虑；寡欲指少生欲念。

二、虚怀若谷

虚怀若谷，意指胸怀像山谷那样深而且宽广，形容十分谦虚，出自《道德经》："敦兮其若朴，旷兮其若谷。"后来就用"虚怀若谷"形容非常虚心，心胸开阔。

虚怀若谷可以使人身心健康，就是人们常说的心宽体胖。心胸豁达的人身体和精神状况都会很好，因此，虚怀若谷不但是美德，还是修养身心的妙方。

三、修养心性的路径

（一）琴棋书画

琴棋书画指弹琴、下棋、书法、绘画这四种活动，合称“雅人四好”，它是古代文人通习的四种基本技能和修养。

1. 琴

古琴是中国古代最古老的乐器之一，是中国最早的弹弦乐器，被称为“国乐之父”。它在古代被文人视为高雅的代表，高山流水觅知音的典故流传至今。

早在西周学校的“六艺”教育里，就有了乐的内容。乐是古代官员的基本技能之一，乐里面就包括弹琴。历史上孔子曾“学琴于师襄”，师襄是春秋时期鲁国著名的乐官，孔子就曾向他学习弹琴。在古代，文人学弹琴既是一项基本技能，同时还包含着深层含义。琴作为雅乐，“贯众乐之长，统大雅之尊”。儒家注重社会伦理的“教化”，推崇中和之美，要求平稳节制，含蓄淡雅，排斥媚惑喧闹的溺音淫乐，所以古代的文人逸士常常以琴会友，远离名利纷争，清修自娱。

2. 棋

围棋为策略性二人棋类游戏，使用格状棋盘及黑白二色棋子进行对弈。围棋起源于中国古代大约公元前 6 世纪，传说尧的儿子丹朱顽劣，尧发明围棋以教育丹朱，陶冶其性情。围棋的最早可靠记载见于春秋时期的《左传》。战国时期的弈秋是见于史籍的第一位棋手。

下棋也是修身养性的一种方式。《论语》记载孔子曾说过这样的话：“饱食终日，无所用心，难矣哉！不有博弈者乎？为之，犹贤乎已。”博弈就是下棋，这句话是说吃饱饭整天无所事事，是不好的！不是有下棋的游戏吗？干干这个，也比什么都不干强呀！在这里，孔子把下棋视作修身养性的一种方式。北宋时期，一个叫潘慎修的官员曾经围绕儒家所倡导的仁义礼智信与围棋的关系作了深刻阐述，并专门上书给当时的皇帝宋太宗，得到了皇帝的充分肯定。《宋史》这样记载：“棋之道在乎恬默，而取舍为急。仁则能全，义则能守，礼则能变，智则能兼，信则能克。君子知斯五者，庶几可以言棋矣。”这是说下棋可以修身养性，体现了儒家所倡导的仁义礼智信五种美德。

下棋，旨在清心、增慧、修行，不在胜负。阴阳二气缺一不可，在于协调，没有胜负。

3. **书**

“书”也是“六艺”之一，在科举考试中，书法甚至可以决定一个人最终的考试名次，因此读书人都十分重视书法学习。同样，书法也是修身养性的一种方式。练习书法时必须排除杂念、全神贯注，达到入境专一的状态，才能把字写好，也就是欧阳询所讲的，练书法时要“澄神静虑，端己正容”。平时人们也常说“字如其人”，从一个人的字，可以看出这个人的内在修养。

书法之道，亦在于运转气脉，调配五行阴阳。书法的横竖撇捺点，对应五行。行字时，有疏有密，错落有致，整体大局又如行云流水，一脉天成，其中窍穴自成。运笔前，也要讲究静息调息，清心断欲，以通天地，以达天、人、笔合一的境界。

4. **画**

画，指的是中国画，简称国画，别称“丹青”。我国的传统绘画具有悠久的历史传统，春秋战国时期，人物画就已经相当成熟了。孔子曾用“绘事后素”来阐述礼和义之间的关系。素是指白色的底子，绘事后素，是说绘画要以白色底子为基础。在孔子看来，外在的礼仪是与人的内心相统一的，就像绘画一样，没有白色的底子作为基础，就绘不出优美的图案，也就画不成美丽的画。古人认为一幅好画，能让人杂念俱消，能够洗尘净心，这对画家的个人素养提出了很高的要求。

画之道，在于气与神。气能聚之成形，散之成物。气孕育万物，自然万物都有气，都是由精气聚之而成。自然山川都聚集着灵气，气是万物的灵动。而画之修行，就在于画家秉承画道，与自然合一，在对自然万物的洞察中，不断提升自我，不断悟道，从而双眼能洞察万物之气，感知自然的灵动。然后配合画技，将万物之气与灵动，用笔墨在纸上表达出来，这就是画之道。

（二）游历名山大川

游历，指从一个地方到另一个遥远的地方，区别于旅游，游历更侧重于在行走过程中知识的传播与心灵的感悟，更注重过程而非享受。游历名山大川和江河湖海是向大自然学习的过程，感觉到大自然的宽广伟岸可以提升自己的思想境界，所以说"知者乐水，仁者乐山"。

（三）反思

曾子曰："吾日三省吾身，为人谋而不忠乎？与朋友交而不信乎？传不习乎？"这句话的意思是曾子说："我每天多次反省自己，替别人做事有没有尽心竭力？和朋友交往有没有诚信？老师传授的知识有没有按时温习？"

反思是人提高自己素养的重要方法，列宁也曾说过："一个人到了自我反思的时候，他将步入一个人伟大的起点。"

1. 面壁

面壁是佛教用语，是指面对墙壁默望静修。据说佛教禅宗初祖菩提达摩寓止于嵩山少林寺，曾面壁而坐，终日默然静修九年。据《景德传灯录》等书记载，南朝梁武帝时，天竺国的高僧达摩从海外来到中国。他先来到梁都金陵，和梁武帝萧衍讨论佛教哲理，发现萧衍并不能领会玄机妙理。于是，达摩便渡江北上，来到嵩山少林寺修行。在嵩山，他整整用了九年时间，终日面对着石壁静坐。相传他的身影印入石壁中，如果谁想把它从石壁上擦掉，它反而显得更清晰，人们因此都说他的精诚可以贯穿金石。达摩通常被视为达摩祖师、达摩老祖，被视为佛教禅宗的"初祖"。

2. 静坐

静坐可以使人的心静下来，让自己的大脑进行深度思考，静坐是修养心性的有效方式。据说很多先哲就是通过静坐领悟到世间真理和大道的。

传说佛祖如来是在菩提树下静坐悟道的，释迦牟尼是在菩提树下静坐，夜睹明星而悟道的，这是个意味深长的隐喻，隐喻需得破除无明才能认知真相，回归佛性本源。佛陀悟到的是什么呢？是缘起性空，是诸行无常，是万法心生，是诸法无我，是实无生灭，是涅槃寂静。

在中国也有王阳明龙场悟道的传说。王阳明于明武宗正德元年（1506年），因反对宦官刘瑾被廷杖四十，谪贬至贵州龙场当驿丞。在龙场这既安静又困难的环境里，王阳明结合历年来的遭遇，日夜反省。一天半夜里，他忽然有了顿悟，这就是著名的“龙场悟道”。

释迦牟尼和王阳明悟出的道居然惊人的相似，“缘起性空，是诸行无常，是万法心生，是诸法无我，是实无生灭，是涅槃寂静”和“圣人之道，吾性自足，向之求理于事物者误也”这两句话的核心都是在说一切道理都是心的产物，即“万法心生”和“吾性自足”。

四、小结

尼采说过：“我们走得太快，是该停下来等等自己的灵魂了。”心性的修养是一个人提升精神境界的方法之一。忙忙碌碌的人们真的需要静下来休养一下自己的身心，面对这个灯红酒绿且浮躁的社会，最终定是心静者胜出。

在当今市场经济和环境中，激烈的竞争、快节奏的生活、纷繁复杂的社会现象和强烈追求物质生活的欲望给人们增加了无形的压力，使一些人的心态变得越来越浮躁，身上或多或少充斥着俗气和燥气，心烦意乱者有之，神不守舍者有之，着急上火者有之，归根结底就是缺少一些静气。

宁静才能致远，平心才能静气，静气才能做事，做事才能成事。涵养静气的过程，就是在追求一种平衡，营造一种和谐，积蓄一种底蕴，成就一种境界。

养一点静气，我们就能在遇事时从容不迫，举重若轻；养一点静气，我们才有机会超越自我。不歪不斜、不骄不躁、不卑不亢、不偏不倚，杂气自去，静气自来。

浩然处世，静气养身，在平凡的生命历程中发掘真我，为平庸的日子增添一抹亮色。

“每临大事有静气，不信今时无古贤”这句话出自晚清风云人物翁同龢的一副对联，这副对联要告诉人们的道理是，自古以来的贤圣之人，也都是大气之人，越是遇到惊天动地之事，越能心静如水，沉着应对。也就是说在重大事件发生时，不能自乱阵脚，而要从容应对。所以说，静气是一种主观性极强的态度。在生活中，有许多人总是为别人的评价而生活，在被动中死要面子活受罪；而有的人则不然，他们选择我行我素，走自己的路。“宠辱不惊，看庭前花开花落；去留无意，望天上云卷云舒。”这就是一种处世态度所产生的人生境界了，虽然这种境界很难达到，但是在失意和迷茫时细细品味，会豁然开朗。

凡大事面前有静气者，他的内心深邃，大事且能以静制动，小事更能拿得起放得下，静气绝不是柔弱。“静气”说起来容易，做起来难，人非草木，孰能无情。每个人都有自己的情感，在一定的环境中某种情绪总是要表露出来的，这就是人的本色。“静气”不可强求，静气源于定力，我国的佛家道家儒家，都特别强调修身先修心，佛之禅定，道之身定，儒之心定，强调的都是定力。“静气”需要修养，需要自己去历练和积累。

第三节　性命双修

性指人内在的道，如心性、思想、秉性、性格、精神等；命指人外在的道，如身体、生命、能量、物质等。性命双修也就是指“神形兼修”，心身全面修炼。

性命双修用现代语言讲就是身体和心理同时修养，也就是说心理健康与生理健康并重，我们不但要追求强壮体魄，也要追求良好的心理素质，使精神生命和生理生命两个方面都得到健康的发展，这样才能拥有真正的幸福人生。

一、研究生命理论

明理是修养身心的基础，懂得事物运行的道理才能做出正确的决定，因此，要先明白性命双修的理论才能很好地进行修养。

我们可以先看一下道家的生命理论。道家生命观的基本内涵包括道生德成的生命本源观、阴阳气化的生命机制观、形神相依的生命结构观、生死更替的生命过程观、重人贵生的生命价值观、自然朴真的生命本质观、无为之为的生命存在观、形神兼养的生命修养观和身心超越的生命境界观。

道教是现存宗教中为数不多的重人贵生的宗教，主张通过自身的修炼达到理想的生活状态，通过性命双修实现身体状态的理想化，而不是把希望寄托在来世。

二、归真

归真是道教教义，道教学道修道，其目的就是要通过自身的修行和修炼，使生命恢复到原来的质朴状态，道教称之为“返璞归真”。道教认为，人的本性是淳朴和纯真的，是近于“道”的，所以人们常说儿童天真无邪。但随着年龄的增长，思虑欲念不断萌生，再加上社会环境的影响，人渐渐失去了原有的淳朴天性；若进一步嗜欲无止，将严重损害自己心理健康和生理健康。而学道修道就是要使心性和生命返回到淳朴、纯真的状态。

返璞归真并不是返老还童，目前，人类还很难实现返老还童，我们说的返璞归真主要是指心态上和思想上回归质朴纯真。这里主张的归真是指回到儿童时代那种无忧无虑的心理状态，无忧无虑的心理状态有利于人的身体健康。

三、动静结合

动以健身，静以养心。修炼传统武功的最佳方法就是动静结合，也就是练功与打坐结合。动与静分别代表阴与阳，要保持身体的内在平衡必须动静结合。

（一）动

“流水不腐，户枢不蠹。”生命在于运动，生命不止运动不休。法国思想家伏尔泰提出了“生命在于运动”的格言，他本人喜欢散步、跑步、击剑、骑马、游泳、爬山等运动，在 80 岁高龄时，还和朋友一起登山看日出。

生命在于运动的内涵是：生命的产生在于运动，运动是生命诞生的前提条件，没有物质运动就不会有生命的产生；生命的存在在于运动，运动也是生命存在的基础，要维持生命体存在，也离不开物质运动；生命的发展在于运动，运动又是生命发展的动力和源泉。可以说，没有了运动，人就活不下去。

其外延是：生命运动不仅包括植物、动物、微生物运动，更包括人类生命体运动；不仅指机械运动，还包括物理运动、化学运动、社会运动和思维运动；不仅包括宏观的躯体运动，还包括微观的细胞运动、分子运动等诸多运动形式。

人是动物，应该运动，但也要具体问题具体分析，因为有些人不能运动或者说不能剧烈运动，比如：刚做完了大手术的人、有严重心脑血管疾病的人、刚刚劳作一天的人、体质差的人、营养不良的人等。中国的重要哲学思想“中庸之道”的意思就是适量、张弛有度。对于一般人来说，运动太少或者过度都是有害的。有的人听从专家建议“每天必须走一万步”，结果三个月后住院了，因运动量过大膝盖积水。2012 年 11 月广州举办马拉松比赛，有两名年轻人因剧烈运动而死亡。因过度运动致病、致死的人很多。每个人的身体情况不同，一定要根据自己当时的身体情况决定运动量，运动必须个性化、科学化。严格地讲，运动和饮食一样，都是一门个性化的科学。

（二）静

打坐是一种养生健身法。闭目盘膝而坐，调整气息出入，手放在一定位置上，不想任何事情。打坐又叫“盘坐”“静坐”，是道教中的一种基本修炼方式。盘坐又分自然盘、双盘和单盘。打坐既可养身延寿，又可开智增慧。在中华武术修炼中，打坐也是一种修炼内功、涵养心性、增强意志力的途径。打坐的特点是“静”，“久静则定，久动则疲”。因此，打坐结束后，要活动筋骨，做到“动静结合”。

打坐可以促进人体血液循环，去除主观性的迷惑，是防治疾病、增进健康、修养身心的方法。打坐会使大脑进入静定状态，散乱的心就安定下来了，心境也变得安宁，气脉自然便畅通了。《黄帝内经》中说：“恬淡虚无，真气从之，精神内守，病安从来?”“是以圣人为无为之事，乐恬淡之能，从欲快志于虚无之守，故寿命无穷。”由此观之，我们的祖先早已认识到宁静的内心对于身体的积极作用。可见打坐入定不仅可以祛病强身、延年益寿，而且还可以愉悦身心。打坐可以使精神高度放松，也可以使精神高度集中。总之，若能每日坚持打坐，精进不懈，便可以在强健身体的同时使内心宁静。

后 记

社会在发展，人类在进步，但并不是每个人的素养都与社会发展和人类进步同步。无论是古代还是现代，总是有一些人具有较高的素养，同时也有一些人素养不够好。不管社会如何发展，提升素养始终是一个亘古不变的话题。在漫长的人类发展史中，前人为我们积累了大量提升素养和修身养性的好经验。书籍是前人智慧的载体，无论网络如何发达、数字化多么普及，纸质书籍至今仍有其不可替代的作用。笔者历经三年编著此书，意在抛砖引玉。

因为个人知识水平和能力有限，对素养的理解也不是特别的深刻，谨以此书供大家参考，若有不当之处敬请海涵。本书写作过程中摘录和引用了不少博学之士的相关论述，写作过程中自己的素养也在不断地提升。因为参考资料多通过网络收集，有些难以考证，所以未能一一列明出处，如有未注明出处者万望海涵，笔者在这里向大家致以衷心的感谢。